爱的修复

如何弥补亲密关系中的裂痕?

赵永久 著

中信出版集团 | 北京

图书在版编目（CIP）数据

爱的修复：如何弥补亲密关系中的裂痕？/ 赵永久著. -- 北京：中信出版社, 2025.5. -- ISBN 978-7-5217-7180-0

Ⅰ. B842.6-49

中国国家版本馆 CIP 数据核字第 2025PU7329 号

爱的修复——如何弥补亲密关系中的裂痕？
著者： 赵永久
出版发行：中信出版集团股份有限公司
（北京市朝阳区东三环北路 27 号嘉铭中心　邮编　100020）
承印者： 嘉业印刷（天津）有限公司

开本：880mm×1230mm　1/32　印张：7　字数：151 千字
版次：2025 年 5 月第 1 版　印次：2025 年 5 月第 1 次印刷
书号：ISBN 978-7-5217-7180-0
定价：59.00 元

版权所有·侵权必究
如有印刷、装订问题，本公司负责调换。
服务热线：400-600-8099
投稿邮箱：author@citicpub.com

目录
Contents

自序 / I

♥ 万物皆有裂痕，那是光照进来的地方

第一部分　修复裂痕，经营亲密关系必不可少的能力

　　第一章　裂痕是亲密关系不可避免的特质 / 007

　　第二章　裂痕的产生，不外乎两个原因 / 013

　　第三章　重大裂痕，可能会在瞬间产生 / 021

　　第四章　修复裂痕的关键：增加对方内心的希望感 / 027

第二部分　成功修复，先要找到裂痕产生的原因

　　第五章　自体脆弱导致的敏感 / 037

　　第六章　过度理想化的破灭 / 047

　　第七章　内心痛苦导致的过度控制 / 055

　　第八章　独立性不足导致的单方面依赖 / 063

　　第九章　未分化家庭导致的家人卷入过多 / 071

　　第十章　性生活不和谐导致的失望 / 079

　　第十一章　长期失望和痛苦导致的耗竭 / 085

❤ 唯有爱，才能弥补裂痕

第三部分　掌握五大原则，避免裂痕越修越大

  第十二章　原则一：用感情而非技巧 / 095
  第十三章　原则二：用协商而非控制 / 101
  第十四章　原则三：用容纳而非报复 / 107
  第十五章　原则四：用认可而非否定 / 113
  第十六章　原则五：用连接而非攻击 / 117

第四部分　修复重大裂痕，先要修复情绪

  第十七章　有分离的能力，更容易修复裂痕 / 129
  第十八章　一个常见的错觉：再也没有人爱我了 / 137
  第十九章　害怕被对方拒绝怎么办？ / 145
  第二十章　不是只有值得和不值得这两个答案 / 149

第五部分　遵循三个步骤，重新建立内心的连接

  第二十一章　步骤一，解构裂痕 / 159
  第二十二章　步骤二，连接情感 / 177
  第二十三章　步骤三，重建信任 / 197

后记　在修复中成长！ / 207

参考书目 / 211

自 序

我儿子两三岁的时候,有一个特点,他几乎不能接受任何不完整的东西。比如,我给他剥橘子,必须是完整的,如果不小心剥成了几瓣,他就不要了,需要我再剥一个完整的给他。拿饼干给他吃也必须是完整的一块,一旦饼干有任何的破裂,尽管他并不会因此少吃到一点,他也不要了。

我知道,对于那个阶段的他而言,这种行为一定有着某种心理意义:可能代表着他还不能接受人和事物的不完美、不能接受变化、不能接受分离等。因此,我不会强迫他必须接受破裂的东西,而是会再拿一个完整的给他。

其实,这种现象是孩子在特定阶段才会出现的。人在成熟之后,通常不会再有这样的特点,所以成年之后的我们一般不会接受不了剥成几瓣的橘子或裂开的饼干。

但在亲密关系中,我们可以看到有的人却有类似这样的特征,即不能接受关系中的任何裂痕。一旦关系有裂痕,有不完美之处,他们就不要了。比如,有人相信这样一句话:有裂痕的关系，就像破裂的镜子，即使修补上也"难重圆"。这基本可以反映出他们对关系中裂痕的态度。他们不能接受关系出现裂痕，所以一旦关系有裂痕了，就会选择分开。

但实际的情况是，**在任何长久的关系中，不管是亲子关系，还是爱情关系，或者友情关系，都不可避免地会出现裂痕，裂痕本身有调节关系中彼此的距离、期待和接纳程度等作用，所以既是导致一段关系渐行渐远的主要原因，也是使得关系更加长久、幸福的必要条件。**比如，当我们对对方有些失望，最终也接纳了这份失望，我们可能就不会再有那么高的期望，进而更加接纳真实的对方。

如果一段关系不能有任何裂痕，就意味着我们在关系里要百分百令彼此满意：对方不希望我们做的事情，我们就不能做；对方希望我们做的事情，我们不能不做。如此一来，我们就完全被控制了，会导致完全丧失自我，这会极其痛苦。

不仅关系中有裂痕是正常的，而且很多裂痕其实并不需要我们去刻意地修复，它们自动会被弥合。这是我们每个人自身的调节能力决定的，与感情的基础也有一定关系。

比如很多人都曾经和自己的家人闹过不愉快，之后还可能有几天很生气，不想理对方。过一段时间，可能谁也没有道歉，甚至没有人提起之前的事情，大家就和从前一样开始互动，仿佛之前的事情没有发生过一样，并且之前的事情真的就过去了，彼此之间没有形成隔阂。

这样的事情在我们每个人的生活中经常发生，要么我们有一段时间不想理会对方，要么对方有一段时间不想理会我们，双方也没有做什么修复的动作，时间就自然弥合了彼此间的裂痕。

不过，这通常是因为裂痕并不大，或者彼此间的感情足够深厚，偶尔出现的小裂痕不会撼动感情的基础，所以并不需要刻意修复就能自动弥补好。如果出现的裂痕足够大，或者足够多，又或者感情基础不好，那就需要修复，而且越是对关系威胁大的裂痕就越需要用心去修复，只有这样，才能使得关系长久。

可以说，**修复关系中裂痕的能力，也是一种爱的能力**。如果缺少这种能力，就难以拥有任何长久幸福的关系，很容易让自己陷入孤独，成为一个活在人群中的孤家寡人。

自体心理学家们对这一问题有深刻的洞见，他们说：**"裂痕是关系不可避免的特质，与避免关系出现裂痕相比，更重要的是容忍并修复关系中的裂痕。"**[1]

有些时候，修复关系中的裂痕并不是一件困难的事情。比如有人给我们发信息，我们没有及时看到，之后回复的时候先说一句"抱歉，才看到你的信息"，就是一个修复的动作，以避免对方感到被冷落。再比如，自己说的话被对方误会了，跟对方解释一下，既是澄清，也是对关系的修复。

生活中我们所说的讲礼貌、照顾别人的感受等，在一定程度上是担心自己的所作所为会导致关系出现裂痕而事先做的预防性措施，其中有防止别人受伤的考虑，也基于我们知道关系容易出现裂痕这一认识。

---

[1]（美）David J. Wallin:《心理治疗中的依恋——从养育到治愈，从理论到实践》，巴彤、李斌彬、施以德等译，中国轻工业出版社 2014 年版，第 144 页。

裂痕不可避免，各种关系中都会出现，修复时需要遵循的原则和使用的方法通常是类似的。本书关注的是爱情这种特定的亲密关系里的裂痕修复，所以不再展开叙述其他关系中的修复策略。大家只需知道修复各种关系时，所要秉持的态度和使用的方法背后的原理整体上是一样的即可。

　　具体来说，本书将对亲密关系中裂痕出现的原因进行深层分析，基于对裂痕本质的理解，也会给出修复裂痕时需要秉持的态度、方法和步骤。

　　这些都建立在我之前提出的爱的五种能力（情绪管理、述情、共情、允许、影响）[1]的基础上。管理好自己的情绪才能更好地去修复裂痕；述情、共情，是与对方沟通、建立连接的方法，便相互之间有更多的理解；允许是一种基调或态度，建立了一种包容、接纳的关系场，对裂痕的修复在这个场中得以逐渐展开；影响，在我后来的理论[2]中已经升华为滋养的概念，是裂痕被修复之后自然会出现的效果，也是需要做到才能真正弥合裂痕的法则。

　　我不能承诺大家按照书里的方法就一定可以修复关系中的任何裂痕，因为裂痕的弥合并不完全取决于我们采用了什么样的态度和方法，也与两人之间的感情基础以及裂痕的大小等因素有关。

　　书里讲述的方法和步骤，操作起来不是那么简单，有时甚

1　具体内容见笔者所著《爱的五种能力》一书。
2　《爱的五种能力Ⅱ》一书已经提出，"经营亲密关系的核心，就是彼此滋养"。

至需要我们做很多的基础工作并付出极大的耐心。不过，无论我们在实际的生活中做到了多少，掌握这些方法和步骤背后的原理总会对我们理解亲密关系的深层逻辑有帮助。

　　本书共分为五个部分，依然延续我以往的写作风格，前面分析原因，后面提供解决方案。我会尽可能多举例子，方便大家理解自身以及实操运用。

　　出于保密的需要，书中的案例均不特指某个具体的来访者或学员，而是我归纳了很多案例之后重新建构出来的，特此说明。

　　我之前所著《爱的五种能力》和《爱的五种能力Ⅱ》两本书，加上本书，共同组成了我个人阐述"如何拥有长久幸福的爱情"三部曲，理论上有一定的递进关系。《爱的五种能力》重点讲述如何成长自己，《爱的五种能力Ⅱ》重点阐述如何经营关系，读者在阅读本书的过程中可以参考前两本的内容。

　　感谢心理咨询师杨一帆在本书创作过程中提出的宝贵意见，感谢刘汝怡女士在本书出版过程中给予的帮助！

赵永久

2025年1月6日于北京

万物皆有裂痕,
那是光照进来的地方[1]

---

[1] 加拿大灵魂歌者莱昂纳德·科恩(1934—2016)的歌曲《颂歌》(*Anthem*)中的一句著名歌词,原文为:There is a crack in everything, that's how the light gets in。

第一部分

修复裂痕，
经营亲密关系必不可少的能力

　　从事婚恋心理辅导工作以及在婚姻生活中的年头越久，我越意识到，在婚姻与爱情中，无论是一见钟情，还是日久生情，决定在一起的那一刻，我们都像是闯进彼此内心世界的盲人。那里虽然有一些我们熟悉的场景和地形，但整体上，我们更像是在黑暗中摸索前行。

　　这"幽深的世界"，也并非只有闯入的人不了解，即使是这个世界的主人公，也就是我们每个人自己，通常也都不甚了解。

　　这与人的潜意识有关，**潜意识里有我们丰富的感受、欲望、冲动和记忆，也包括过往经历所留下的痛苦和恐惧等，影响我们的想法、感受、行为和决策，决定人们在亲密关系中的体验、应对模式**。但对于绝大多数并没有进行过长期深入的自我探索——

比如精神分析[1]等——的人来说，我们通常并不了解自己的潜意识，它就像一个黑匣子般的存在。

在亲密关系中，我们都没有对方潜意识里的地形图，难免会有不知道对方需要什么，以及触碰到对方内心的恐惧、脆弱和痛苦的时候。对方此时的反应，比如抱怨、生气、沉默等，像是那个幽深的世界给我们提供的反馈一样，让我们得以了解对方，有机会找到和真实的对方相处的方法。

比如一位妻子对丈夫吼道："我不愿意做的事情，谁也不能强迫我！"这就是在告诉丈夫，"我这里有堵墙，里面是我的痛苦，你不能过去，你需要绕着点走"。如果丈夫一定要过去，她的反应可能会更加激烈，因为她要保护自己的痛苦不被触碰到。

妻子的表达，是在告诉丈夫自己是一个怎样的人，自己的内心哪里是有创伤和痛苦的，不能触碰，也是在告诉丈夫与自己相处的方法。通过这样的过程，丈夫对妻子"接受不了任何人的强迫"这个特点，不但在理性上有了认知，在感性上也有所体验，就像被告知前面有堵墙和真切地用头撞到墙一样。

在亲密关系中，我们都需要类似这样的"撞墙"过程，才能真正在体验层面对彼此人格中的诸多特点有所了解。在这个过程

---

[1] 精神分析学说由奥地利心理学家、精神病医生弗洛伊德创立。他认为，人的心理问题主要由潜意识中压抑的欲望、本能冲动等导致，而解决的方法是通过分析来访者的自由联想内容把潜意识中的内容意识化。现在已经发展出包括自我心理学、客体关系、自体心理学和主体间性等诸多新的理论，对人的心理问题的认识也早已超越最初的理论。

中，不但对方会感到"疼"，我们自己也会。而这些"疼"，就可能导致关系出现一个个裂痕，裂痕的大小常常取决于"疼"的程度。

除此之外，有时候即便是了解对方的意愿和想法，很多人也会试探对方是真的不愿意满足自己，还是能做出一些妥协。

我的一个来访者的想法，也许可以说明为什么有些人在关系里总会遇到那么多的冲突。他说："对于我妈，我如果不用吼的方式对待她，她是不会善罢甘休的。"像他妈妈这种类型的人，生活中其实并不少见。他们进入亲密关系时会不断地尝试突破爱人的边界，制造出诸多的矛盾和痛苦。遗憾的是，他们往往意识不到自己在入侵别人的边界，总觉得是对方脾气不好或太冷漠。

也就是说，亲密关系中的不满、冲突和矛盾，既是一个了解彼此的过程，又是一个彼此试探对方的妥协度和保护自己内心边界的过程。在这个过程中，双方都可以表达出自己的需要、感受和不满，把真实的自己呈现给对方，从而更加了解对方，知道如何与真实的对方相处。

人们只要进入亲密关系，就难以避免经历这个过程。甚至可以说，关系中的两个人想要更亲密、更幸福，也需要经历这样的过程。只是遇到不同的人，这个过程带来的冲击强度不同，导致的关系裂痕大小也会有所不同。

完全不发生矛盾的夫妻极少，即使有，较大的可能也是因为他们双方或其中一方在关系里压抑了自己的需要或愤怒，不敢把心打开与对方亲密。他们可能相敬如宾，但会一直觉得与对方之间有很远的距离。这样的关系缺少了亲密性,处在这样的关系中的人没有做真实的自己,当然难有真正的幸福可言。

可以说,**发生冲突的关系不可避免会出现裂痕,而完全不发生冲突的关系中,可能本来就存在着鸿沟。**

关系中的裂痕难以避免,两个人之间的隔阂是否会越来越深,裂痕越来越大,取决于人们是否及时修复了裂痕。更进一步讲,一段关系是继续下去,还是走向结束,往往取决于人们在裂痕出现之后是修复了这些裂痕,还是任由其发展。

任何一份高质量的亲密关系,一定是在反反复复的出现裂痕与修复之后才形成的。正如莎士比亚所言:碎了的爱有朝一日破镜重圆,还可以比从前更美、更强烈、更突出。

如果一个人在亲密关系一出现裂痕时就选择放弃,那他可能永远无法拥有任何长久的亲密关系。因此,修复裂痕的能力,就成了人们经营亲密关系必不可少的能力。

第一章
裂痕是亲密关系不可避免的特质

关系中的裂痕也被人们称为隔阂、心里的疙瘩，是人们在与另一个人的互动中体验到负面感受之后不自觉地向后撤退，想和对方拉开距离的结果。之后，要么不想再理会对方，要么在某些方面不想和对方再有互动交流，目的都是不想重复体验那些负面感受。

所有亲密的关系，在精神层面都是一种心与心的连接。在这样的关系中，我们会体验到不同程度的亲近感、连接感，有的会有牵挂、思念的感受，有的会同悲共喜。

按照连接紧密程度的不同，我们可以把关系分为一般性连接、亲近性连接和融合性连接三种。随着连接越紧密，关系中人们的信任、自我暴露、情感卷入程度也越强。

一般性连接（见图1）：关系中两人的心与心之间就像建立了一座桥梁，有了通道，情感得以流动，也会有一定程度的信任、自我暴露和亲切感。

图1　一般性连接

亲近性连接（见图2）：关系中两个人的心像是贴在一起，也就是我们平时形容的亲切、贴心的关系，在这样的关系里我们通常可以得到滋养。

图2　亲近性连接

融合性连接（见图3）：关系中两人连接得非常紧密，就像两个人的心长在了一起似的，出现一定程度的融合。在这样的关系中，虽然两人都还是独立的个体，但在某种程度上又构成了一个整体。

图3　融合性连接

在融合性连接的关系中，彼此之间有足够多的安全感、信任感，自我暴露也会是最大程度的，几乎没有太多隐私，除了共享生活物资、信息和感受外，感情上也高度依恋彼此。通常来说，在成人之间建立的所有关系中，只有爱人之间才会有如此深度的连接，以至于我们会使用"另一半"来描述伴侣这个角色，就好像这两个人都只是半个人，加在一起才是一个完整的人。

事实上也的确如此，有很多爱人之间不管遇到什么事情，都会共同商量解决，有什么事情、感受，也都会及时分享，了解对方如同了解自己一般，去哪里也经常成双入对。仿佛他们已经成为一个整体，而不仅仅是两个人。

需要说明的是，虽然我们在形容婴儿和母亲的关系时也会用"融合"这个词，但其实婴儿和母亲之间的融合不是融合性连接，而是融合共生在一起。**融合性连接的前提是两个个体是完全独立的**，婴儿不是完全独立的个体，离开母亲无法存活，需要完全依赖母亲，所以婴儿和母亲之间并不是连接在一起，而是根本就共生在一起。正如英国心理学家温尼科特[1]所说，"从来没有婴儿这回事，当你看到婴儿的时候，一定会同时看到照顾他的母亲"。

而人的成长，正是从这种与母亲完全融合共生在一起的状态慢慢分离出来，最后完全成为自己。每个人要与爱人建立融合性连接的关系，前提也一定是已经走出融合共生，成为独立的个体。

一些在婴儿期心理发育受阻的人，往往还存有婴儿般的心

---

1 唐纳德·温尼科特（Donald W. Winnicott，1896—1971），英国精神分析学家。

理，与他人建立关系时，就会渴望建立融合共生的关系。在这样的关系里，他们无法意识到别人和自己不是一个整体，无法理解和允许别人有自己的思想、感受和自由意志。他们不喜欢某个人或某件物品时，别人也不能喜欢；他们心情不好时，别人的心情也不能好，否则就会觉得别人不爱他们。当别人做的事情不符合他们的心意时，他们很容易愤怒。这与融合性连接不同，也往往是他们的亲密关系会出问题的主要原因。

拥有融合性连接关系的人首先是不会再时常感到孤独，作为个体，本质上我们都是孤独的，与另一个人的高质量连接会使我们体验到的孤独感减少。然后是变得更有安全感和自信。理想情况下，在这样的关系中，两个人的优点能被彼此看见，缺点可以被容纳和允许，而潜能则可以得到发挥。处在这种关系中的两个人会变成一个组合，在对共同目标的追求过程中，每个人都主要做自己擅长的事情。对方的力量、资源也仿佛成了自己的，无论是应对外部世界的威胁，还是解决家庭遇到的问题，两个人都要比一个人更加有力量。"家和万事兴"似乎也表达出这层意思，一对连接得好的夫妻组成的家庭，解决问题的能力更强。

生活中我们会看到，一些关系好的爱人之间心里有感受上的变化时，时常会分享给对方，内容几乎包括生活中的方方面面，比如某些地方好玩，某个电影好看，某本书写得好，某件事让人困扰，甚至晚上做了什么梦，都相互分享，这使他们之间的理解更加深刻。他们很亲密，也很欣赏、包容彼此，在这样的关系中，他们都能不断地获得滋养和力量，因此他们的事业往往比较顺利，孩子教育得也比较成功。这些都意味着他们之间有高质量的融合性连接。

在亲密关系中，有些裂痕源于我们对负面体验的归因。当我们感到不舒服时，往往会认为是对方造成的，于是我们把紧紧靠在一起的心或已经融合在一起的心拉开距离，这种情感上的隔阂，是由内心的不舒服引发的。

任何两个人之间，不管连接得有多么深，都一定会有出现裂痕的时候。通常来说，小裂痕带来的负面体验并不会太强烈，自己稍微消化一段时间之后，不舒服的体验就消失了。之后，我们会把这些已经收回的部分跟对方连接上，就像什么事情都没有发生过一样。

大一些的裂痕带来的负面体验，要么我们需要很长的时间才能消化，要么我们永远消化不了，如此一来，那个部分的连接就永远处于断开的状态，而我们内心可能会因此长期处于孤独的状态。

在一起生活的时间越长，如果裂痕越来越多，收回的连接和两个人之间的隔阂也会越来越多，而剩下的连接会越来越少。之后若没有及时修复，最终所有的连接可能都会彻底断掉，这就变成我们所说的感情破裂。

第二章
裂痕的产生，不外乎两个原因

每一对爱人组成的亲密关系都有其独特性，每一段关系中出现裂痕的原因也都五花八门。

晚饭吃什么，旅游去哪里，一个要睡觉、一个要聊天，房子怎么装修，沙发买哪一款，过年去谁家，孩子要几个……生活中的任何事情都可能成为爱人间发生冲突的导火索。在这个过程中，人们可能会感到不被尊重、不被爱、不被重视，或者认为对方缺少让家庭过上正常生活的能力。只要是让人们感到不舒服的事情，就都有可能是亲密关系出现裂痕的原因。

具体来说，不论一对夫妻之间的相处方式是怎样的，也不管他们之间发生了多少事情，导致他们在亲密关系里体验到负面感受的心理层面的原因不外乎两个方面。

一是对对方感到失望。

爱上一个人这件事，一定是预期或体验到对方可以满足自己的一些需要才会发生。如果在关系的一开始，我们就意识到对方给不了自己想要的满足感，通常也就不会产生爱意，更不会决定在一起。既然决定在一起，那就说明我们认为对方是可以满足自己的。如果到最后发现对方实际上满足不了自己的需要，心里就会感到失望。

这里的需要可能出于生物本能，比如希望对方的长相好看；也可能是安全感，比如希望对方有能力，内心有力量；还可能是被深深懂得，希望对方善解人意……

整体来说，这通常由希望"对方能够胜任家庭角色"的需要以及希望"从对方那里获得情感上的满足"的需要共同组成。

买车买房、生儿育女、赡养老人、休闲娱乐、礼尚往来等是人们正常的生活需要，需要双方配合以及相互协作共同完成。从缔结亲密关系的那一刻，人们内心对另一半在家庭角色的胜任上都是有期待的，希望另一半可以有与自己一起支撑起一个家庭过上幸福生活的意愿和能力。如果另一半在这些方面达不到我们的期待，我们可能会心生失望，此时关系就可能产生裂痕。

人需要活在关系中，说到底需要活在好的关系中，也就是活在爱中。爱与被爱是人类生活永恒的主题，安全感、归属感、存在感和价值感等诸多心理需要都包括在其中。人们在亲密关系中对被爱报以最大的期待，如果在关系里慢慢发现对方给不了自己想要的关爱，肯定会失望。当这种失望达到一定程度，心里会有寒冷的感觉，也可能有想要结束关系的念头，这时关系就出现了或大或小的裂痕。

以上两种需要并不是可以完全清晰地区分开的，有些时候可能就是一回事，比如一个人愿意努力工作、愿意承担家务，是对家庭角色的胜任，有时也会被另一方体验为对其的关爱。

失望并不是突然产生的，如果当前对方没有满足自己的需要，人们会寄希望于对方能够成长并提升认知、能力和努力程度等。但如果经过一定的时间后，对方并没有成长或成长过慢，失望的情绪就会产生。

所有的问题都是双方互动的结果。一方希望"对方能够胜任家庭角色"的需要是否能够得到满足，除了与对方的能力、努力程度有关系外，也与人们自身是否有独立自主的能力有关。如果一个人有依赖倾向，根本不想靠自身努力过上想要的生活，完全寄希望于对方，那么一旦生活不如意，自然会对对方感到失望。

对爱的需要，既是人们正常的需要，也与每个人内心的缺失大小有关系。心理缺失是人们在成长过程中心理的正常发展所需要的条件未被满足的结果，就像身体的成长需要营养一样，心理的发展和成长也需要营养，一旦缺失，就会导致心理上的营养不良。比如，人人都需要父母的理解、欣赏、认可、关爱、照顾、尊重、接纳、安抚和陪伴等，如果父母没有给予孩子这些，或给予的质和量都不够，就会使得孩子一直处于这些心理需要未被满足的匮乏中，从而形成心理缺失。人内心的自卑、自负、不安全感和无价值感等，通常都与此有关。

一个人内心缺失得过多，有太多弱小无助感时，在亲密关系中就会希望对方能够非常有力量，特别会关心人，可以像理想中的父母一样无微不至地照顾自己，有的甚至要对方每时每刻都关心自己。也就是说，**如果自己内心还是个孩子，就会想**

找个像妈妈或爸爸一样的人来照顾自己；当对方的照顾和关心稍有不足，就可能心生失望。

总之，失望源于一方所提供的与另一方所期待的之间的差距，与提供方提供的多少有关系，也与需求方期待的大小有关。也就是说，通常情况下失望是二人共同导致的结果。我们在修复裂痕，特别是较大的裂痕时，只有理解到这一点，才能知道从何处入手。

二是觉得对方让自己痛苦。

通常来说，两个人在缔结亲密关系时并不完全了解对方，不靠那么近就不会了解那么深。有些爱人之间即使已经相识多年，依然并不够了解彼此。我们通常会将对方理想化，认为对方只会带给自己幸福而不会让自己痛苦，也愿意与对方融合连接。如果在未来的生活中，对方说的一些话、做的一些事情让自己感到痛苦，我们可能会收回一些连接，这就可能导致裂痕产生。

这些痛苦可能是被批评、被攻击和被控制所带来的厌烦、伤心、委屈、羞耻、屈辱和窒息等感受，也可能是互动中产生的恐惧感、不安全感和孤独感等。以上这些情况发生后，人们之所以会收回一些连接，甚至想逃离这段关系，是因为害怕再次重复体验这些让人感到痛苦的情绪。

不过，痛苦依然是双方互动的产物，我们可以从双方各自的角度来理解这个问题。

第一个角度是对方的人格特质。这是由对方的生物遗传、原生家庭以及社会环境等多方面因素共同决定的,这些因素的不同,导致不同的个体在成年后的人格特质也存在差异。在亲密关系中,那些因为成长过程中的心理缺失与创伤导致的有问题的人格部分,很容易让人感到痛苦。

有的人喜欢批评、指责、贬低别人,跟他们生活在一起就要长期承受这些,而我们每个人几乎都渴望被喜欢和认可,不会有人喜欢被批评、指责、贬低。因此,与这样的一个人在一起生活,难免会觉得痛苦。再比如,有的人控制欲很强,无论多大的事情,他们都想控制,可能你只是想买双袜子,他们都想要你按照他们的标准来买,跟他们在一起生活,你会有窒息感。

那些容易自恋性暴怒[1]的人,动不动就发火,甚至有暴力倾向,时常三句话没说完就想动手打人,更会让人感到痛苦甚至恐惧,毕竟与他们一起生活的人连人身安全都可能受到威胁。

整体上来说,一个人自身的人格发展水平越不成熟,心理问题越严重,带给爱人的痛苦就会越多,关系出现裂痕甚至破裂的可能性也就越大。

第二个角度:如果我们在亲密关系里感到痛苦,并不一定都是对方的人格问题导致的,也有可能是因为我们内心的创伤被触碰到了。

比如,对方也许只是打电话关心一下,问问晚上要不要回

---

[1] 全能自恋的人认为自己能够控制外部世界并期望外部世界完全按照自己的意愿运转,当外部世界不如他们的意时,他们就会觉得自己受到了挑战,从而产生强烈的愤怒感,心理学上称之为自恋性暴怒。

家吃饭，有被控制方面创伤的人就可能觉得对方想控制自己，因此会感到痛苦、愤怒。如果对方真的有控制欲，他们内心的痛苦就会加倍。

再比如，对方只是说某个朋友某方面的能力强，内心自卑的人就可能觉得对方是在否定自己。如果对方真的经常否定他们，他们此时就更难以承受。

具体来说，人的心理创伤基本源于成长过程中所经历的无法承受的痛苦，就像身体被伤害后留有伤口一样。过早地与父母分离、无法与父母建立情感连接、遭受暴力、被指责、被贬低等都会产生强烈的痛苦，进而导致心理创伤。

导致心理创伤的事情可能是突然发生的，也可能是长期存在的，总之都会让人感到痛苦和恐惧。当痛苦和恐惧过于强烈，超出了人们当时可以承受的阈值，就会导致心理创伤。另外，疾病、意外和自然灾害等所有会给人类带来无法承受的痛苦和恐惧的事情，都会导致心理创伤。

人的心理创伤有一个特点，即会被相似情景唤醒。内心因创伤导致的各种痛苦情绪，往往会在当下某些细节的刺激下被唤起。这些细节可能是表情、动作、声音、味道和形状等，它们与儿时的情景相似。总之，只要相似情景一出现，内心的痛苦就像触发了开关一样，立即被唤起。因此这些刺激也被称为"情绪按钮"。

比如一个人儿时经常体验到寻求父母来满足需要时，父母无视他的需要、不回应，或者干脆就找不到父母，导致他的需要常常得不到满足，内心的痛苦也只能自己承受。进入亲密关系后，一旦寻求对方的帮助或跟对方说话时对方没有及时回应，或者打电话没接、发信息没有第一时间回，就可能会唤起他儿时体验过的痛苦，进而产生愤怒或委屈等情绪。

儿时的心理创伤对亲密关系最为明显的影响，首先是人们找对象时会极力回避那些会唤起自己创伤体验的人。儿时的创伤越多，想要回避的人群范围就越大，最严重的，可能害怕跟外界的任何人接触，所以也无法建立亲密关系。

进入亲密关系后，内心的创伤因为随时可能被触碰到，会唤醒内心的痛苦，人们就会想要收回与痛苦相关的那部分连接，关系也就产生了裂痕。

每个人的内心都有或大或小、或多或少的创伤，而这些创伤在亲密关系里都有被触碰到的可能。

在一定程度上，某些创伤只有在亲密关系中才会被触碰到。亲密关系是我们每个人成年之后融合度最高的关系，也是我们最信任的关系，彼此对这段关系都有巨大的期待。爱人通常是我们一生中相处时间最长的那个人。触碰到内心深处的痛苦，也只有在这么近和这么长久的关系里才有可能。

在上文所述的例子中，如果忽视他的不是他的爱人，而是一个普通朋友，他的愤怒或委屈就可能不会那么强烈。

这个时候，我们就会清晰地看到，**与失望出现的原因一样，亲密关系中我们感受到的痛苦，都是在与爱人一起生活的过程中由对方的人格特质与我们自身的心理特点共同创造出来的。**心理学家把这个现象称为"共谋"，并且精辟地总结为"一切关系中的问题都是共谋的结果"。就像两辆车相撞，一方车辆的受损程度既取决于对方是一辆怎样的车,也取决于自身车辆的牢固程度。

不过,我们也不能忽视另一个关键因素,那就是双方车辆当时行驶的速度,这在亲密关系里可以理解为双方当时的处境。比如,一个人在意气风发时,你批评、指责他几句,他可能承受得了,但若刚好在他受到巨大打击的时候,你同样力度的批评、指责,他可能就承受不了。

人与人之间相处的困难常常在于,与对方互动感到痛苦时,我们常常只会看到对方有问题,而看不到自己的问题。亲密关系中就更是如此,人们常说的"公说公有理,婆说婆有理",也往往是这个原因。

第三章
重大裂痕，可能会在瞬间产生

失望和痛苦都有程度的不同，通常来说，失望和痛苦越大，导致的裂痕就越大。

比如，一方一开始以为另一方很勤快、脾气也很好，但相处之后发现对方不但不勤快，脾气还挺大，经常发火。发现对方不勤快时，失望一些；发现脾气大时，失望再多一些，也许还会感到痛苦。以后另一方的每次不勤快和发火，都可能会让失望和痛苦程度增加。

再比如，一方一开始以为另一方内心有力量，遇到什么事情都可以指望另一方。但一起生活后经历了一些事情，才越来越发现，原来另一方并没有自己以为的那么有力量，家里遇到事情有时候还会指望自己来应对。如此一来，生活中每经历一次类似的事情，失望就增加一些。

当失望和痛苦发生之后，人们可能会期待对方可以改变或者会努力改变对方，这时候关系里就容易出现矛盾和冲突。

如果努力之后发现根本无法改变对方，而这个期待即使不被满足，关系也不太大，人们可能就会接受现状，此时裂痕未被修复就已自动弥合，关系就会进入相对稳定的状态。

如果心里无法接受这个期待不被满足，失望和痛苦就可能会继续积累。当人们在某一方面对关系感到失望和体验到痛苦时，关系就会出现某个方面的裂痕。当人们对关系的多个方面失望以及体验到痛苦时，裂痕就会在多个方面出现。最后，如果所有对改变的期待全都落空，就变成了绝望，这时关系就可能会彻底破裂。

另外，如果失望和痛苦的情绪过于强烈，瞬间超过当时人们可以承受的临界点，裂痕就可能会迅速出现，甚至关系直接破裂。比如在彼此了解不深的关系中，一旦我们了解到对方的人格中有让自己极度失望或痛苦的特质，就可能立即想要切断与对方的连接。

特别是在自身心理创伤本来就十分严重的情况下，一旦创伤体验被唤起，人们立即会体验到强烈的痛苦感受，这个时候甚至会丧失一定程度的现实感。在这种情况下，对方身上哪怕只有一点点他们所害怕的那种人格特征的倾向，也可能会被彻底否定。

就像内心有攻击性恐惧创伤的人，当对方表现出一点愤怒，他们就可能觉得对方是那种完全无法控制情绪，甚至有暴力倾向的人，感到非常可怕。然而，实际上对方可能只是一个正常的会愤怒的人而已。

在一些大的心理创伤被唤醒时，人们甚至会体验到一种快要死了的感觉，就好像一些事情一旦发生，世界末日就来了，人生到此就结束了。我们从惊恐发作的人身上经常能看到这一点,当他们的恐惧被唤醒时,他们不是感觉到恐惧的情绪,而是觉得自己像生了严重的病,感到胸闷、呼吸困难等,不去医院可能马上会死掉,去医院检查却又没有任何身体方面的问题。实际上,这是他们内心感受到的濒死般的恐惧,源于儿时的创伤,并不是身体器官真的出了问题。对于这样的创伤,他们在意识层面通常较难回忆起具体的原因。

这就是严重心理创伤的特点,背后的原因是创伤唤起了人们对死亡的本能恐惧。当创伤被触碰时,尽管在别人看来可能并没有什么实际危险的事情发生,当事人却可能会感觉到一种强烈的、巨大的,甚至无法用语言描述的痛苦。

如果在亲密关系中激活的创伤体验是类似这样的强烈恐惧,人们就会在意识层面觉得自己处于极大的危险之中。而研究表明,人类在遇到危险时有三种本能的应对方式:战斗、逃跑和木僵。

在亲密关系中,人们若是采用"战斗方式"来应对以为的危险,结果很明显,就会引发冲突。这种情况下的冲突会很激烈,对关系的伤害较大,因为自己像是在保命,而对方就像是要迫害自己的敌人。

如果采取逃跑的应对方式,则表现为坚决要分开。

而一旦出现了木僵现象,等事情过去之后,虽然可能已经脱离木僵状态,但人已经成了惊弓之鸟,肯定想逃离当前的关系,所以通常也会坚决地要分开。

不过,木僵状态通常出现在当危险出现后既"战斗"不过对方，又无法逃跑的情况下。亲密关系是自由的，人们当然可以逃跑，所以更多时候人们会直接选择逃跑。这就是有的人在恋爱、婚姻中本来好好的，发生某件事情后就坚决要分开或者直接玩消失的原因之一，他们可能是被心中唤起的恐惧吓到了。

我有一个女学员，她看到男友在停车场为了争车位跟别人吵架的样子之后，就坚决要分手，因为那唤起了她对脾气暴躁的父亲的恐惧。

这样的恐惧被唤醒时，有的人心里可能会"咯噔"一下，然后马上感觉到心跳加速、紧张、害怕，甚至手心出汗，也有的人会肠胃不舒服、肚子疼等。为了不去体验这种恐惧感，人们生活中会不自觉地回避与可能会带给他们这种感觉的人接触，而在与人相处的过程中，一旦体验到这些感觉，就会马上想要切断跟这些人的连接。

有时候，人们内心的创伤体验并不是恐惧，而是羞耻、无力和屈辱感等。总之，亲密关系唤起的任何痛苦情绪越是强烈，人们越是想要赶快逃离这样的关系。

创伤被唤醒导致的裂痕，还可能是间接的。比如，有不少人在儿时经历过父母中的一方打他们时，另一方站在旁边不管不问的场景。这种情况下，如果当时父母中打他们的一方情绪很强烈，样子很吓人，下手也很重，他们的内心深处就可能既对暴力的父母一方有一种强烈的恐惧，又对旁观而不出手保护他们的父母一方有一种恨意。

这类人进入亲密关系之后，一方面如果另一半跟他们发生矛盾时表现出愤怒，虽然可能未对他们动手，他们的内心也很有可能会唤起儿时的恐惧；另一方面，如果他们跟别人发生冲突，不管出于什么原因，只要他们感觉到恐惧时爱人没有帮助他们，而是站在旁边看，什么也没做，就可能觉得爱人根本不爱他们。

某种程度上，间接唤起的创伤体验已经是缺失导致的失望。在前面的例子中，他们首先被暴力的父母一方创伤，然后当渴望父母中的另一方保护他们时，也没有得到满足，这是缺失。同一件事情，既给他们的内心带来了创伤，也带来了缺失。这使得他们既恐惧有暴力倾向的人，又对有人可以保护他们充满渴望。进入亲密关系后，一旦爱人没有提供他们想要的保护，他们就会立即失望。

但如果是没有这方面创伤和缺失的人，反应就可能会有所不同。比如，有的人在面对对方的愤怒情绪时并不害怕，于是能从容应对。

我认识一位女性朋友，她在遇到与别人发生矛盾的情况时甚至会对她老公说：吵架这种事情，你就不要出面了。很明显，她对吵架并不恐惧，也就不期待老公帮忙，甚至还想保护老公，更不会因此觉得老公就不能要了。

其实，从严格意义上来讲，**所有的痛苦背后都含有渴望，所有的失望也都关联着痛苦，因为创伤和缺失本身就是一个事物的两个面向。**当创伤发生时，痛苦的事情出现，原本该满足的需要自然也就没有得到满足。比如，当一个孩子被暴力对待时，其被爱和被保护的需要的满足自然就缺失了。当一个孩子没有得到应有的关爱时，他自然会处于痛苦中，这就可能对他造成创伤。

通常来说，在亲密关系中，失望逐渐出现的可能性更大，而痛苦迅速产生的概率更高。原因在于，失望只是源于一方没有做到另一方希望他做的事情，而痛苦则可能源于一方做了类似另一方儿时受到创伤的事情。

我们也理解，因为失望而产生的裂痕，修复成功的机会更大一些，尤其是在已经满足对方其他方面需要的情况下，只要让对方感到需要有被满足的希望，就有修复的可能。

而痛苦导致的裂痕，如果唤起了对方内心巨大的痛苦，尤其是恐惧，想要消除这些创伤体验，就没有那么容易了，所以修复的难度也会大幅增加。如果痛苦强烈到对方实在无法承受的程度，关系就很容易彻底破裂，也就不再有修复的可能。

另外，如果失望和痛苦在关系中同时出现的话，裂痕就会更大。而在实际生活中，关系中的重大裂痕也常常是失望和痛苦共同导致的结果。比如，一位丈夫在挣钱、陪伴和照顾孩子等方面已经让妻子失望，妻子在与他人发生冲突时心里有恐惧，他再不提供帮助，妻子心中就可能会瞬间产生"要他何用"的感觉。

这种在临界点上发生的事情，有时就像是压死骆驼的最后一根稻草。不过，一头骆驼如果已经被压死了，拿掉那根稻草，也没有救活骆驼的可能。一段感情出现了重大裂痕，如果可以找到那根稻草，然后拿掉它，并且让对方看到以后再也不会有类似稻草压在身上的可能性，有些情况下却还有修复的可能。这也是修复裂痕时必须找到并调整的地方。

第四章
修复裂痕的关键：增加对方内心的希望感

根据前文所述，我们知道亲密关系中的裂痕主要是两人内心的缺失与创伤互动的结果。在实际生活中，依据双方的失望和痛苦是否会被唤起，我们可以看到爱人之间会互动出三种情况。

第一，双方的缺失都正在被满足，创伤也都未被触碰。在这种情况下，正常的婚姻家庭生活得以展开。生儿育女、赡养老人、发展事业、人际交往等各项事情顺利进行。失望和痛苦没有出现，两人都会觉得幸福、甜蜜。

在这样的关系中，双方都会得到滋养（见图4）。通常来说，在夫妻共同生活的某个时刻，这种状态可能会被失望和痛苦打破，出现一些不太大的裂痕。之后如果能够通过修复再回到这样的状态，滋养就又会继续。

图4　相互滋养的关系模式

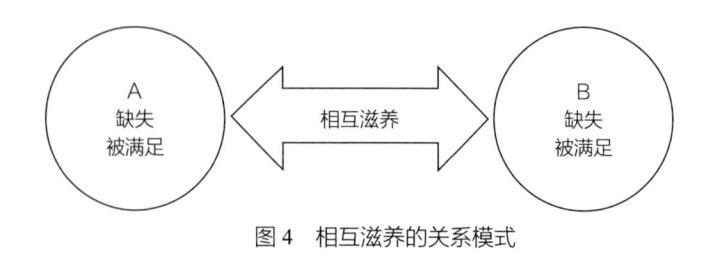

第二，一方内心产生失望或痛苦被唤起。通常来说，这种情况下的裂痕不会太大，即便很大，没有失望和痛苦的一方通常可以通过接纳、理解、安慰另一方，帮助另一方降低失望和痛苦的程度，从而成功修复裂痕（见图5）。

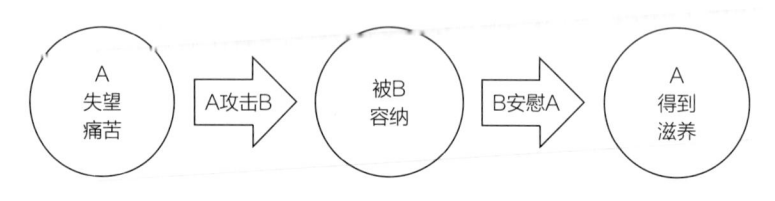

图5　一方得到滋养的关系模式

比如一方突然邀请一个另一方不喜欢的朋友来家里吃饭，没有提前跟另一方打招呼，另一方感到不被在乎、生气，一方安慰另一方、道歉并承诺以后不再这样做之后，另一方心情变好，就不会再生气。

在这个过程中，伴随着裂痕被修复，被接纳、理解、安慰的一方自然就被滋养了，比如感到自己是重要的、被爱的。而滋养和修复常常是一回事，可以说滋养时需要修复，修复中会被滋养。

第三，双方内心的失望和痛苦被同时唤起。这种局面一旦出现，关系就容易出现大的裂痕，甚至彻底破裂。

比如，丈夫儿时有个很啰唆的妈妈，遇到点儿事情就一直抱怨，但他也帮不了自己的妈妈，就会觉得无力，这是他的创伤。而妻子有一个脾气不好的爸爸，动不动就发脾气，也不关心她，面对这样的爸爸，她经常觉得恐惧和无力，这是她的创伤。

在婚后一起生活的过程中，丈夫会期待妻子不要像他的妈妈一样啰唆，而是内心有力量，能够独立消化自己的情绪。妻子希望丈夫不要像她的爸爸一样动不动就发脾气，而是多关心她、重视她。

偏偏妻子因为担心自己说的话不被重视，所以遇到事情时总想多说一些来唤起丈夫的重视，丈夫就可能觉得妻子太啰唆。

这样一来，丈夫的创伤被触碰到了，会觉得妻子太烦人，遇到点儿事情就说个不停，埋藏在潜意识里的对妈妈的无力感就可能会被唤醒。之后，为了防御再次体验到自己内心的无力感，他可能会愤怒并冲妻子大吼，而这就又唤起了妻子内心的恐惧，双方此时都会对对方感到失望。

很多导致关系出现重大裂痕的情景都类似这种情况，双方的失望和痛苦在互动中都出现了。也就是说，很多时候我们无意间做的一件事情，唤起了对方内心的失望与痛苦，如果此时对方开始攻击、批评、指责我们，又可能会唤起我们内心的失望与痛苦。

而如果此时我们因为无法承受这些感受，也开始攻击、批评、指责对方，就又可能会让对方感到更加失望和痛苦，对方就会更加强烈地攻击、批评、指责。

在这个过程中，双方的失望和痛苦不断增加，矛盾也在不断升级，一个恶性循环就此启动（见图6）。

在这种情况下，关系里一开始发生的可能只是一件很小的事情，但因为双方内心的缺失与创伤不断互动，产生蝴蝶效应，后果可能会很严重。

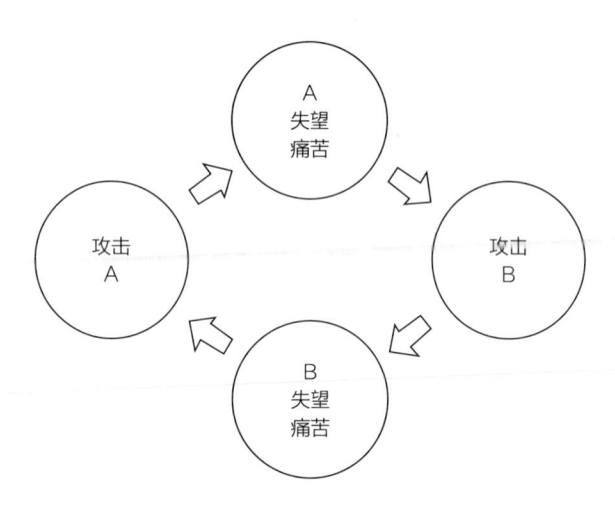

图6 裂痕不断变大的关系模式

如果关系中两人内心的缺失与创伤都比较多，由于相互作用，裂痕的数量和大小都可能会成倍增加。但如果两人中有一个人内心的缺失与创伤较少，在对方感到失望或痛苦时，这个人由于自身没有这些感觉，就可以更好地允许、容纳和理解对方。这样不仅可以修复裂痕，也常常能滋养对方，甚至对对方有一定的疗愈作用，从而避免启动恶性循环。

在前面的例子中，丈夫如果没有相应的创伤，就可以问问妻子为什么同一件事情要多次提起，是担心他不重视吗？而妻子如果儿时没有因为父亲经常发脾气而受到创伤，就不会害怕和无助，也就可以问问丈夫为什么会这么生气。

任何一对夫妻在一起生活都可能会在不同时期经历以上三种情况，即有时相互滋养，有时单方面失望与痛苦，有时双方都失望与痛苦。理想的情况下，随着对裂痕的一次次修复，相互滋养的情况变得越来越多，失望与痛苦越来越少，裂痕的数量会逐渐减少，程度也会越来越轻。

至此，既然亲密关系中的裂痕与人们内心的失望和痛苦有关，无论裂痕是大是小、是多是少，修复亲密关系中裂痕的关键也就呼之欲出：**减少另一半心中的失望和痛苦，增加对方对需求可以被满足以及痛苦不会被触碰的希望感。**

对比这一点，我们就会发现生活中很多人在修复裂痕时，所做的都是加深对方失望和痛苦的事情。如果从根本上方向就错了，又怎么可能会修复成功呢？

有的人明明是因为自身的控制欲让对方感到失望或痛苦，修复裂痕时还说教对方、跟对方闹，甚至在对方想要分开时威胁对方，这不刚好会让对方感受到更强烈的被控制的痛苦吗？

有的人对在关系中不能获得对方的认可感到失望，或因经常被批评、指责而感到痛苦，但对方在修复裂痕时还继续说他们"太脆弱、太敏感"，继续否定他们，这不就会让他们更加失望和痛苦吗？

也有的人，明明对方对他们缺乏独立能力感到失望，在关系出现重大裂痕时，他们还反复请第三方介入，这不是让对方更加确定他们独立性差，因而更失望吗？

特别是在对方想要分开时，因为恐惧失去对方，很多人所做的修复行为就像一个溺水的人一样，本能地乱抓乱拽，比如会讨好、批评、否定、发脾气、纠缠、逼迫等，这些几乎都会增加对方的失望和痛苦，所以也难以成功修复关系。

如果你的亲密关系出现裂痕，你曾经为修复做了努力却没有效果，现在可以回想一下，你过往所做的修复行为，是增加了对方内心的失望与痛苦，还是减少了？

归根结底，无论对方内心的失望和痛苦，是对方的原因占比多一些，还是你的原因多一些，你都要不断地让对方感到与你生活在一起未来是会幸福的，是会被爱滋养的，是不会再被唤起痛苦的。只有这样，裂痕才有被修复的机会与可能。

第二部分

成功修复，
先要找到裂痕产生的原因

俄国作家列夫·托尔斯泰的长篇小说《安娜·卡列尼娜》开篇第一句话就是："幸福的家庭都是相似的，不幸的家庭各有各的不幸。"

这是托尔斯泰站在社会学的角度发出的感慨，但如果用心理学的角度来看，其实不幸的家庭大多也是相似的。除了意外、疾病和自然灾害等不可抗拒的因素外，人们的不幸可以说大多数与心理的缺失和创伤有一定关系。

一个家庭或有人脾气暴躁，或有人以自己为中心，或有人好高骛远，或有人不思进取，这些都会影响这个家庭整体的幸福程度。但这些现象的背后，无一例外都与心理原因有关。

两个相爱的人在一起生活的幸福程度，与他们两人内心存在的心理创伤与缺失的多少同样有直接关系[1]。通常是双方都有心理缺失与创伤,这些心理缺失与创伤碰撞在一起会导致争吵、冲突和冷战等,给双方带来失望与痛苦,导致一个个裂痕的形成,影响双方的幸福程度。

从理论上来说,如果亲密关系中的两个人都没有心理缺失与创伤,那就都会内心强大、情绪稳定,无论遇到多大的事情都能坦然面对;也能在有需要时清晰地表达自己的感受,在对方心情不好时给予充分的理解与安慰;还能够充分接纳对方,边界感清晰,独立自信,也懂得尊重和欣赏对方。

这样的两个人生活在一起,自然很少体验到失望与痛苦,因此关系中裂痕出现的可能性也会降低,更接近于"公主和王子从此幸福地生活在一起"的理想状态。

当然,我们都知道这是不可能的,因为每个人的内心都有缺失与创伤,也不存在两个人在一起后体验不到任何失望和痛苦的可能。大家都有心理上的缺失与创伤,也都会在某个时刻对自己的爱人失望,甚至有些时候会感到痛苦,但由于每个人内心的缺失与创伤在种类和程度上有所不同,因此失望与痛苦的程度也会有所差异。

任何一对爱人在一起生活的过程中,都会体验到内心的渴望

---

[1] 虽然基因等先天因素会影响人们的心理特点,但也只是造成了一定程度的个体差异。比如,有些人敏感一些,有些人罹患某种精神疾病的概率高一些。总的来说,人的性格主要还是与后天成长过程中的心理创伤与缺失有直接关系。

得到满足时的幸福感和没有得到满足时的失望感，以及内心创伤被触碰时的痛苦等复杂情感的交织。

面对关系中导致裂痕的一些事情，有的人觉得过去的就不要再提，过日子不能老算旧账。但其实那些没有被好好"算"的旧账和内心深处的疙瘩就是隔阂本身，也是关系中裂痕出现的原因。如果不打开内心好好沟通，不把旧账算明白，两人之间就会有越来越多的隔阂，也必然导致关系中出现越来越多的裂痕。到最后，如果裂痕演变成鸿沟，再想去修复，就会变得极其困难，甚至已经不可能。

想要修复裂痕，就需要增加另一半对需求可以得到满足以及痛苦不会再被触碰的希望感。这就使得我们很有必要深入、细致地了解，到底是哪些内心需要在关系里没有被满足，为什么会有这些需要，又为什么满足不了，以及都有哪些创伤容易在关系里被触碰，为什么会有这些创伤，创伤又是如何被触碰到的。

修复裂痕时，找到并理解导致裂痕出现的双方内心的深层原因是关键。对深层原因理解得越准确和深刻，就越能知道接下来要做些什么才更容易修复成功，也包括会更清楚在以后的生活中，到底需要做些什么，才会减少裂痕出现的概率，增加获得幸福的可能性。对我们内心的创伤与缺失形成的原因认识得越清晰，就越能够在修复过程中帮助对方深刻地理解我们，进而接纳我们。

认识到对方内心的缺失和创伤与他儿时成长经历之间的关系后，在与对方沟通时，以共情的方式表达给对方，会让对方感到被深深地理解，在修复裂痕时往往有事半功倍的效果。不过，需要注意表达的方式，这一点我会在后边介绍修复步骤时详细展开叙述。

为了帮助大家提升成功修复裂痕的概率，下面我会对这些深层原因进行详细解读。这个总结主要从内省的角度进行，毕竟看到对方的问题并企图改变对方是关系出现裂痕的原因，而不是修复裂痕的方法。**唯有更深刻地了解自己并实现个人成长，才是建立长久幸福的亲密关系的正确途径。**

我们都知道，同一个问题可以从多个角度来理解，每个视角看到的问题虽然不同，但都是事物的一部分。视角越多，看到的事物就越接近全貌。为了帮助大家对亲密关系中的裂痕有更全面的理解，我会从不同的心理角度进行解读，其中一定会出现不同视角所揭示的现象指向同一个本质的情况。具体到某一对爱人之间的裂痕，通常也是以下多种心理原因共同作用的结果。接下来的章节将带你逐步拆解每个成因的底层逻辑，并找到对应的改善路径。

第五章
自体脆弱导致的敏感

亲密关系出现裂痕，常常是双方互动、共谋的结果，双方内心的缺失与创伤都起到了一定的作用。其中，有一种心理缺失常常会起到很大的作用，但不易被识别。如果两个人在成长过程中这类缺失较少，那么亲密关系中的很多冲突和矛盾就不会出现，也更不容易形成恶性循环。

这类缺失就是自体发展得不够好，其表现就是自负或自卑、内心脆弱，容易对他人的批评、否定、指责和负面评价等敏感。严重的甚至别人并没有批评、指责和否定的意思，他们也会投射性[1]地认为别人在这样对待他们，这很容易使他们的生活充满矛盾、冲突和痛苦。

我们先来看一个例子。一对爱人在吃饭的时候，妻子说丈

---

[1] 一种心理防御方式，指的是把自己的一些特质归因到他人身上，投射的内容是自己的感受、欲望和想法等。投射自卑的人，通常会觉得别人看不起自己、不尊重自己。

夫把她喜欢吃的一个菜全吃完了,心里没有她。如果此时丈夫说,"对不起,我只顾着看手机,一时没注意把你喜欢的菜吃完了",一般也就没什么事情了。

但在实际生活中,有的爱人之间就会因为这样一件很小的事情开始争吵,甚至吵得一发不可收拾。其中一个重要的原因是,有的人在处于类似这个例子中丈夫的角色时会反应敏感,比如会反驳妻子说:"我心里怎么就没有你了?"

这可能会引发妻子的愤怒:"你心里要是有我,就不会把我喜欢的菜吃完。你这个人,我算是看透了!你心里压根就没有别人,只有你自己,你就是个自私的人。"

如果丈夫继续反驳:"我怎么就自私了,不就是一个菜吗?你至于吗?"

妻子听到后可能会更愤怒:"怎么就不至于,这是一个菜的事吗?这难道不是你这个人太自私的问题吗?"

丈夫可能也会变得更愤怒:"就因为我把这个菜吃完了,就说明我自私吗?你不要动不动就上纲上线好吗!我不就是一时疏忽了吗?"

妻子继续回复:"你一时疏忽?你买水果,只买自己喜欢吃的,我喜欢的从来不买!一起出去玩,你从来都是去你想去的地方,我想去的地方,你就是不去!好几次都是哪个菜好吃,你就只管吃,也不管别人有没有吃。你这样的人,跟你过日子真是没劲!"

丈夫:"没劲你可以不过,反正我在你眼里也一无是处!"

妻子:"不过就不过!谁稀罕跟你过!"

如果单从丈夫的角度来看，本来一句"对不起"就能解决的事情，结果矛盾却逐渐升级，导致两人都感到很受伤。正是他那句反驳的话引起妻子更加强烈的愤怒，使得矛盾开始升级，这也是很多夫妻之间常见的问题。

而丈夫之所以说这句话，是因为他不愿意承认自己在那一刻忽视了妻子，从心理层面来讲，这很可能是因为他接受不了自己是会犯错、有疏忽的人。仿佛他是完美的，所以他要通过反驳来保护自己的完美。这样一来给妻子的感觉就好像有问题的是她，是她太小题大做。

如果是这样，从深层次来看，其实就是他的自体太脆弱，承受不了妻子一句轻微的指责。

要想理解这一点，我们有必要先来看看自体到底是什么，自体脆弱又是怎么回事。**自体指的是我们每个人在体验层面上的自我，是人格的核心。**我们平常所说的一个人内心强大，指的就是这个人有一个强大的自体；而内心脆弱的人，自体发展得不够好。

自体发展得如何，对于我们每个人而言至关重要。就好像我们内心有一个球状内核，它的强大、结实程度，决定了我们的抗压能力、抗打击能力，所以也有人称自体强大的人内核稳定。这样的强大与稳定是我们每个人事业成功、家庭幸福、人际关系良好的重要心理基础。

具体来说，一个内心强大、内核稳定的人，其心理发展至少需要在两个层面上都相对成功，这两个层面对应人在生命早期心理发展的两个关键阶段。

第一个层面（阶段）是要跟真我（真实的自我）有连接。这是我们作为个体在精神上的存在基础。**人只有让真我成为人格的核心，才是真正意义上的存在，才能感知到内在的各种感觉，体验到真实的生活。**如果过的都是虚假的生活，世界对我们来说就可能会像隔着一层玻璃一样的另一个世界，或像看电影一样，我们并未感到身在其中，也常常会有不真实感和无意义感。**人对外在事物的美好感知和对他人内心的共鸣都建立在与真我连接的基础上。**与真我连接得好的人更具有创造性和艺术气质，他们常常能够单凭直觉感知到别人的情绪状态。

一个人能否与真我连接良好，与他在生命早期是如何被养育的密切相关。

婴儿在刚来到这个世界的一段时间里，有任何需要只需发出轻微的信号，马上就可以得到养育者的回应。比如，饿了立即就可以吃到奶，害怕了马上被抱起来安慰，于是就会觉得自己有力量、安全、足够好，以及自己的需求是可以得到满足的。这时的婴儿完全靠本能和外界互动，饿了就要吃，困了就要睡，表现出最真实的自我。

但婴儿早期完全活在自己的世界里，其实意识不到是养育者在满足自己。当他有需要时，如果可以及时被满足，他会认为是自己在满足自己，自己是无所不能的，想要什么就可以得到什么，这就是婴儿的全能自恋状态。

之后，如果一切顺利，养育者整体上能够及时满足婴儿的需要，但也会偶尔在某个时刻无法及时满足，婴儿由此产生的这种不太强烈的挫败感，会让其慢慢意识到原来不是自己在满足自己，自己不是全能的。在以后的生活中，婴儿还会不断经历大量的适度挫败，比如走路有时会摔倒、有些东西拿不动等，全能感就会慢慢降低，越来越具有现实感。但在生命早期整体上被及时满足的体验，为婴儿日后的高自尊、自信、有安全感和内心强大奠定了基础，这正是个体自我核心的组成部分。

而如果养育者经常不及时回应，甚至完全无回应（比如，婴儿醒来后哭泣很久都无人照顾，或饿得肚子咕咕叫都不能及时被喂奶），婴儿长时间或频繁地不被满足，就会经常体验到巨大的痛苦和恐惧。这种经历会打断婴儿的心理发展过程，因为这实际上是一种感觉自己即将消失、灰飞烟灭的体验，这种对"精神上不存在"的恐惧是难以承受的。

这导致婴儿的心理发展停滞在生命早期的全能自恋阶段，之后会缺乏现实感，无法认清真实的自我，常常误以为自己无所不能。他们常常会夸大自己的能力，渴望获得更多的赞美。但实际上，这种以全能自恋为特点的自体，其外壳看似坚硬，其实非常害怕被打破，因为一旦打破，他们就会重新体验到那种巨大的痛苦和恐惧。因此，全能自恋的人对批评、指责和否定等极为敏感。

有些养育者不但不及时满足婴儿的需求，还让婴儿去适应他们。比如，婴儿已经饿得哇哇哭，养育者认为还未到喂奶时间，就坚持不喂奶，要按时间表进行。在其他方面也是如此，养育者不以婴儿的真实需求为中心，而是按照自己认为正确的标准刻板地养育婴儿，这些都会导致婴儿逐渐放弃自己的真实感受，转而变得顺从和讨好，心理学上将这种现象称为"假自体"。

在养育者眼中，这样的孩子听话、懂事，但实际上，这些孩子失去了本应有的鲜活感，与真我失去了连接。他们变成了所谓的"好孩子"，但却不是在做真实的自己，所做的事情常常是为了迎合他人的评价，而非追随自己的内心。

他们的自体缺少应有的内在精神支撑（真实感受），就像空心的乒乓球或塑料球，仅拥有一个虚假的外壳。他们缺少韧性和力量，容易受到外界批评、指责、否定和攻击的影响，甚至可能被压垮，所以他们对外界的声音非常敏感。

第二个层面（阶段）是在与真我建立连接后，如果我们感受到被爱、被喜欢、被重视，就会有价值感、资格感和高自尊。这样一来，由于我们对自己有了清晰的认知，就不会太在意别人怎么看待我们，也不会因为一些失败、疏忽或不足而轻易怀疑自己。

在这个阶段遇到问题的人，虽然与真我有所连接，但他们感觉自己是不好的、没有价值的。也就是说，他们尽管已经意识到自己的存在，仍然认为自己是不好的存在。他们往往自我评价很低，总是感到自卑，认为自己不如他人、缺乏资格、没有价值，并且容易感到羞愧和尴尬。因此，他们对他人的评价极为敏感，还容易将自卑感投射出去，经常感到别人不尊重他们。

在成长过程中，一个人要发展出强大的自体，不仅需要父母在衣食住行上给予照顾，还需要他们关心和理解他的心理感受，并通过适度的肯定、认可和赞美来增强他的自信和自豪感。然而，在现实生活中，很多人不仅没有得到这些支持，还经常被父母否定、批评、指责，甚至嘲笑，这些都会导致他们怀疑自己存在的价值。

当你表达害怕时，如果父母回应"有什么好害怕的"；当你说想要一个玩具时，如果父母说"那东西有什么好的"；当你认为红色的衣服好看时，如果父母说"红色的不好看，黄色的才好看"：这些都会让你感到自己的感受和需要是不对的、有问题的，让你觉得自己不够好，从而妨碍自体变得强大。

严重的情况下，一些人甚至会感到自己被父母鄙视和讨厌。他们可能会认为自己不配做父母的孩子，甚至不配作为一个人存在，或者连拥有一个名字的资格都没有。这种心态可能导致他们认为只有变得完美才能获得爱和存在的意义，从而过度追求完美。而这体现在亲密关系里，就表现为既对伴侣要求极高——经常挑剔和指责，又无法忍受来自对方的任何批评和指责。

在生活中，很多养育者由于自己的焦虑和担忧，常常限制孩子探索世界、获得力量感，以及体验真实的生活。这种做法阻碍了孩子学会独自面对挫折，也不利于孩子自我成长和变得强大。

有些父母会故意给孩子制造一些困难和挫折，认为这样能够锻炼孩子，甚至觉得困难和挫折越大，对孩子的锻炼效果越好。实际上，如果困难和挫折超出了孩子的承受能力，会让孩子感到自己无力和无能，从而伤害到他们的自我。

在成长过程中，由于养育者的无意疏忽或精力不足等原因，我们难免会遇到一些需求未能及时得到满足的情况，从而体验到挫折。但如果这种挫折不是太多，且与我们的承受能力相匹配，是我们当时能够承受的，那么它就不会伤害我们。有时我们遇到的挫折可能较大，但如果养育者能及时安慰和共情我们，原本不可承受的挫折也可能变得可以承受，这样也不会伤害我们。这种挫折被称为"恰到好处的挫折"。

经历一次次恰到好处的挫折后，我们的全能感逐渐减弱，现实感增强，自体就像被夯实的球状物，不再是最初那种虚胖的、自认为无所不能的状态，而是变得更加柔韧和有力。

总体而言，强大的自体是在成长过程中由养育者的"及时回应"和"恰到好处的挫折"共同塑造的。这种"恰到好处的回应"会根据我们的能力和心理状态不断调整，从而形成一个滋养性的环境，促进我们的成长。

如果我们的自体较为脆弱，这通常意味着在成长过程中，养育者的回应要么不足，要么过度，总之没有恰到好处。不足表现为忽视，过度则表现为溺爱。实际上，更常见的情况是忽视和溺爱并存，即在物质生活上溺爱，而在精神关怀上忽视。

在现实生活中，很多人在第一个层面（阶段）和第二层面（阶段）都有一定程度的缺失。比如，有些人与自己的真实感受有一些连接，但并不深入，因此总是怀疑自己的感觉，缺乏自信，常常觉得自己不够好，有些自卑。不同的人在这两个层面上的缺失程度不同，这就导致很多人虽然自体都脆弱，但敏感程度各异。

在这两个层面（阶段）发展良好的人，其自体就像实心的橡胶球，既坚固又有韧性。通常，即使面对指责、否定或攻击，他们也不会动摇，不会感到痛苦，更不会崩溃，因此不需要像上文提及的那位丈夫那样去反击妻子。

自体发展良好的人内心没有太多痛苦和恐惧，即便遇到过分的批评、指责或攻击，其反应通常也不会过激，因此一般不会导致双方尴尬。比如，他们可能会在语言上回击对方，但在态度上保持幽默，这样既不会委屈自己，又容易被对方接受，这是具有人格魅力的人的一个显著特点。

这样我们就容易理解，为什么拥有脆弱自体的人在面对批评、指责或否定时，常常会反应过激，也能理解他们为何在遇到挫折时会感到痛苦，因为在这些时刻，他们可能体验到一种自体即将破碎或崩溃的恐惧感。这是一种精神上分崩离析或濒临死亡的感觉，是自体感受到即将被摧毁的恐惧。这种痛苦难以用言语表达，人们极度恐惧体验到这种感觉，因此常常会通过指责他人来避免直面这种感觉。

我们也容易理解，在前面的例子中，妻子轻微的指责触发了丈夫对脆弱自体可能破碎、崩溃的焦虑，导致他开始辩解和反击。如果他的自体发展得够好，自然就不会对妻子的话反应过度。这样他也许还能在心里默默提醒自己，以后吃饭时避免再次把妻子爱吃的菜吃光。我们还可以理解，妻子因为感到自己没有被丈夫重视而愤怒，这多少与她内心觉得自己不够好、不够有价值（自体也有一定的脆弱）有关。

在亲密关系里，两个强大自体之间的相处和互动就像两个实心橡胶球在相互碰撞，彼此既有能力保护自己的边界，又不入侵对方的边界，能够共同创造幸福的生活。而两个都不强大的自体，特别是过于脆弱的自体，一方面因为创伤一被触碰就感到痛苦，感觉被挤压或即将破碎；另一方面，都渴望对方能提供滋养，却常常因为得不到足够的滋养而感到失望。生活中很多爱人之间的争吵、冲突、矛盾升级乃至恶性循环，最终导致出现严重裂痕，通常都与这一点有关。

有些人在亲密关系里不喜欢袒露心声，即使有什么想法、需求和感受，也只是闷在心里，不与对方分享，对方自然不知道他们是怎么想的，这就容易导致误解，对方也很容易感到孤独。这样的关系缺失亲密性。而这些人不喜欢袒露自己的原因常常与自体的脆弱有关，比如他们害怕说出自己的想法、需求、感受之后被否定和嘲笑。

总之，如果我们想在亲密关系中获得幸福，就要让自体强大起来，既要去和真我连接，也要学会欣赏自己，增强自我价值感和自我认同感。这样，当对方偶尔攻击、指责和批评我们时，我们就能避免过于敏感或反应过激，也能减少关系中的恶性循环。

在修复裂痕时，如果我们意识到对方的失望和痛苦与我们自体的脆弱有关，告诉对方自己已经意识到这一点，并打算采取行动让自体变得强大，就有可能让对方看到希望。有些时候，如果结合自己的成长经历来解释自体的脆弱性是如何形成的，就更有可能获得对方的理解与接纳。

在对方自体比较脆弱的情况下，收回对对方的批评、否认和指责等负面语言，深度共情对方内心的痛苦，并给予对方适当的认可和肯定，可以提高成功修复关系的概率。

第六章
过度理想化的破灭

无论我们是什么样的人，进入亲密关系时都会带着期望，这些期望通常涵盖外在条件、性格、能力、健康等方面，同时存在于意识和潜意识层面。

择偶时，人们在意的外在条件对应着人们的内在需要。一方面，身高、相貌等对应着繁衍的需要，这可以看作基因在择优结合；另一方面，人是社会性动物，拥有一个相貌出众的伴侣能让我们感到成了别人羡慕的对象，从而满足我们的自恋和竞争需求。有能力的人往往事业有成，收入较高，可以满足我们对富足生活的向往，很多内心需求的满足也需要经济条件作为支持。而性格良好的人不但好相处，还可以满足我们对被爱、被理解、被接纳和被认可的深层需要。

我们很容易意识到以上期待，我们在潜意识里往往还有更深的期待，而这些期待通常并不容易被我们意识到。

首先是父母身上的好品质，比如勤劳、温和、包容和善解人意等，我们从父母那里体验到的好的感觉，往往与这些优秀品质相对应。在成长过程中因为已经习以为常，我们可能并不觉得它们特别，但这些因素实际上在我们会爱上什么样的人方面起着重要作用。简言之，能够被我们爱上的人往往具有我们父母身上的这些好品质。

此外，父母身上还有一些难以被简单定义为好或不好的特质，我们同样容易被具有这些特质的人吸引，因为他们能带给我们熟悉的感觉，也会让我们觉得亲切。比如我妻子，谈恋爱时我就总觉得她给我一种很亲切的感觉，但当时我并未深究这种亲切感的来源。直到结婚多年后，有一天我突然意识到她说话的声音和走路的姿势都与我母亲有些相似。所以有人说"找对象、找对象，就是找一找，对一对，看一看，像不像"，这话确实有一定道理。

其次是期待爱人具有我们父母所缺乏的品质，以此来弥补儿时的缺失，让那些在童年未得到满足的需求能在亲密关系里得到补偿。比如，如果我们儿时经常感到被父母忽视，就可能渴望找到一个足够重视我们的爱人；如果儿时有太多不被父母认可、肯定的经历，甚至经常被贬低，就会希望爱人可以看到我们的优点，甚至希望在对方眼里自己是最优秀的存在。

我遇到过几位学员，他们都提到在儿时曾想象过自己可能不是亲生的，自己的亲生父母另有其人。如果自己的父母脾气不好、能力不足或者过于弱小，自己在家中得不到足够的爱和支持，孩子就可能会在心里期待有一对理想化的父母。他们脾气好、能力强、充满爱，如果自己是他们的孩子，痛苦就会消失，需求也能得到满足。

这样的期待，在进入亲密关系后很自然地被带入其中，我们希望伴侣是理想化的父母般的存在。

我也遇到过有人看到那些过得幸福的夫妻时，会认为人家两人之间的关系几乎是完美的——没有争吵，没有矛盾，对此感到非常羡慕。有时我会问他们怎么知道人家没有争吵和矛盾，这时他们可能会立刻意识到，这是他们自己的理想化想象，实际上我们并不了解人家的关系到底是怎样的。

在亲密关系建立之初，理想化对方是一种常态，并且理想化有其积极作用，因为它促进两个人相互吸引。如果没有理想化的想象，也许我们中的很多人都不会进入亲密关系。

有人用结婚的"婚"字的结构来证明这一点，他们说"女人发昏就结婚"，这不正是说如果一个人不"发昏"（理想化），是进入不了婚姻的吗？"情人眼里出西施"就更是用诗意的言语道出了人们在生活中对这一点的洞察。

通常来讲，适度的理想化可以促进两个人结合，同时因为理想化的程度并不高，所以在理想化破灭时也容易接纳真实的对方。生活中如果我们看到一对夫妻中的一方说起另一方的缺点时是笑着说的，通常表明这些缺点已经被接纳，也说明当初的理想化程度不高，幻想破灭后对关系的影响并不大。

但是，过高的理想化对关系的影响较大，注定会导致关系出现大的裂痕，甚至直接破裂。我们可能听过很多理想化迅速破灭的例子，比如当一方表示不会使用一个常见软件或不了解某位历史名人时，另一方可能难以接受；更有甚者，看到对方打嗝、放屁或抠鼻屎，也会觉得对方的形象瞬间崩塌。

在严重的情况下,当面对对方真实的一面时,有人会感到心情一落千丈,甚至浑身发冷,仿佛跌进冰窖,心里的声音也常常是:"他怎么会是这样的人?"

那么,是什么导致人们对伴侣的理想化程度如此高的呢?

总体而言,一个人内心的创伤和缺失越大,儿时体验到的弱小无力感越强烈,就越渴望有一个强大、充满爱、有能力的人来爱自己、照顾自己。这种渴望使他们在亲密关系里更容易过度理想化伴侣,这往往导致他们所建立的亲密关系如肥皂泡般绚丽多彩、浪漫无比,却也极其脆弱,一触就破。

具体到容易导致过度理想化的心理原因时,我们不得不首先提到生活中的一类人。他们爱上某人时,会觉得对方是完美的存在,并且觉得自己极其幸福,仿佛是世上最幸运的人。然而,一旦对方令他们失望或对方触碰到他们内心的痛苦后,他们就会迅速把对方视为糟糕的、冷漠的、虐待甚至迫害自己的人。此时,他们往往会开始厌恶或憎恨对方,甚至对对方产生强烈的敌意。

这就是在精神分析学家梅兰妮·克莱茵[1]看来内心依然处于婴儿般的偏执分裂状态的人。克莱茵认为,我们的内心在婴儿时期是分裂的,当妈妈满足了我们的需求时,我们会觉得这个满足我们的妈妈是"好妈妈",我们爱她;当我们有需要而妈妈

---

[1] 梅兰妮·克莱茵(Melanie Klein, 1882—1960),儿童精神分析研究的先驱。她提出了许多具有深远意义的心理学创见,被誉为继弗洛伊德后,对精神分析理论发展最具贡献的人物之一。

没有及时满足时，我们会感到痛苦，认为这个不满足我们的妈妈是"坏妈妈"，我们恨她。我们会觉得带给我们满足的和带给我们痛苦的似乎不是同一个妈妈，而是两个不同的妈妈。这其实是我们那时内心的爱和恨尚未整合的结果，是一种心理上的分裂状态。而这种分裂，是为了保护心中那个"好妈妈"的形象不受到一点点坏的污染。

这种内心的分裂需要得到妈妈足够多的爱才能实现整合，也就是妈妈满足婴儿的频率和程度要超过不满足的情况，从而使婴儿心中"好妈妈"的占比多于"坏妈妈"。最终，婴儿会意识到满足自己需求和未能满足自己需求的其实是同一个妈妈，这时内心的分裂便开始得到整合。

如果婴儿的需要不被满足的情况多于满足，即他体验到的痛苦过多，"坏妈妈"的存在就会占主导。婴儿在潜意识里为了保护"好妈妈"的存在，就无法把"好妈妈"和"坏妈妈"整合为同一个妈妈来看待，其心理就会一直处于分裂状态。

这样的人成年后在生活中会表现出非黑即白的思维模式，没有办法整合地看待一个人。当他们认为一个人好时，就觉得对方只有优点，没有缺点；当他们认为一个人坏时，又会觉得这个人十恶不赦、一无是处。他们心中理想的爱人就像好妈妈一样完美无缺，但这在现实中根本不存在。他们爱上一个人时，会以为对方是完美的，但在一起后，一旦他们的需求没有被对方满足或内心的痛苦被对方触碰到，就会迅速把对方视为一个糟糕的伴侣，甚至迫害者。

很多内心分裂的人无法独处，可能会一次又一次疯狂爱上他们觉得几乎完美的人，经历一些事情后又觉得对方糟糕至极，继而陷入巨大的失望与痛苦中，很多年都走不出这样一种宿命般的循环。内心分裂且可以独处的人在经历几次情感失败之后，可能不再敢走入亲密关系，以避免自己再次失望或痛苦。

关键的问题是，人内心的分裂并不是只有完全整合和完全不整合两种极端情况。实际上，很多人都处于分裂和整合之间，只是程度不同而已。

在亲密关系中，当对方对我们失望时，很难说全部都是因为我们做得太糟糕，对方内心没有丝毫分裂的部分在起作用；当我们对爱人失望时，也很难说都是因为对方太糟糕，我们的内在没有一点分裂的部分在起作用。

不过，并非只有内心的分裂会导致理想化，上一章我们所描述的自体脆弱只要存在，也会导致出现理想化的现象。整体而言，自体越是脆弱的人，内心深处对自己的认同度越低，在亲密关系里就越是需要借助对方的完美来证明自己的完美。比如全能自恋的人，他们在内心体验中并不觉得在与对方建立真正的亲密关系，而是占有对方，就像想要拥有好的物品来证明他们优秀一样，他们用"完美爱人"来证明自身的完美。所以，他们在意的往往是爱人在别人眼里看起来是不是足够完美，也就是外在的特质——比如长相、经济能力和学历等——是否足够优秀。

从严格意义上来看，他们其实并不是在理想化爱人，而是借助"完美爱人"来理想化自身（全能、完美）。因此，在一起之后一旦发现爱人身上有任何不完美的地方，他们都会感到自身理想化的破灭。此时，他们可能会体验到强烈的羞耻和挫败感。

就像不同程度的分裂存在于很多人身上一样，不同程度的自体脆弱也普遍存在。当关系出现裂痕时，我们需要审视这是否与自身或对方的自体过于脆弱有关。

不只是前面提到的分裂和自体脆弱性，所有的心理缺失和创伤都可能导致理想化的问题。就建立亲密关系而言，我们自身越是感到弱小无助，就越是期待对方强大、有能力；我们自身越是缺乏安全感，就越是期待对方值得信赖。由于心理缺失和创伤不可避免，理想化现象自然也难以完全避免。

理想化注定会破灭，除非不在一起生活，因为这样就不会看到真实的对方。而真实的对方一定不是完美的，毕竟每个人都有自己的心理创伤和缺失，也都有自身的局限性。

我在工作中也经常遇到，有的人亲密关系一出现问题，就总想换伴侣。我的理解是，这种现象背后是理想化心理在起作用。当人们心中对爱人的想象过于理想化，而现实中难以找到满足这些条件的人时，他们就总想通过更换伴侣来找到那个理想中的爱人。

当理想化破灭时，我们往往会感到失望，是否能够承受这种失望决定了感情是否会因此产生裂痕。在修复关系时，如果我们认识到裂痕的产生与我们对对方过度理想化有关，告诉对方自己对此的理解和内省，包括理想化形成的根源，就可能会让对方感到被理解和接纳。如果是对方的理想化破灭起了主要作用，表达我们对其内心失望的理解，也有利于对方接纳真实的我们。

第七章
内心痛苦导致的过度控制

如果我们在亲密关系中控制对方过多,很多事情都要对方按照我们期待的去做,一旦对方做得不如我们的意,就抱怨、指责、发脾气,甚至暴力相向,就会使关系出现裂痕。

没有人喜欢被控制。对每个人而言,拥有自由意志并按照内心的想法去行事,是感受幸福、认为人生有意义的重要因素,也是我们存在的本质。如果在亲密关系中控制对方,可能会导致对方感到压抑、窒息和委屈。如果对方开始反抗这种控制,就容易引发冲突、争吵和冷战等问题,当情况变得无法忍受时,对方可能就会考虑结束这段关系。

不控制与控制的核心区别是我们想要对方做的事情是否尊重了对方的个人意愿。对方不愿意做的事情,如果你使用威胁、批评、指责、暗示和嘲讽等方式迫使对方同意,这就是控制。同样的事情,如果你使用请求和商量的方式,给对方选择的空间,无论对方最终同不同意,你都欣然接受,这就不是控制。

比如,希望对方不要出去和朋友吃晚餐,而是留在家中陪伴自己，如果对方不这么做就指责、攻击或冷淡对方，这就属于控制。相反，如果向对方表达自己的需求，并给予对方自主决定的权利，无论对方最终选择去还是不去都可以，这就不属于控制。再比如，希望对方早点睡觉，这可能是为对方着想，但如果对方不睡就发脾气，这仍然是一种控制行为。

总体而言，控制与期待相关，而期待与我们的心理状态紧密相连。我们越是感到自己弱小，就越期待对方强大；我们内心的缺失越多，就越希望对方完美无缺；我们越是敏感，就越期待对方感知能力强；我们越是无法忍受延迟满足，就越期待对方能够及时满足；我们越是不愿意主动表达，就越期待对方能够心领神会。所有这些期待如果演变成单方面要求对方满足自己，而没有给对方选择的权利，就都构成了控制。

有时，我们控制对方是因为把内心的恐惧、痛苦和无力等脆弱感受投射给了对方，类似于"有一种冷是妈妈觉得你冷"。在这种情况下，就会觉得是爱对方，为对方好，但实际上对方感受到的却是压力和负担。比如，如果自己内心害怕不被重视并将这种感受投射给对方，就会变成担心对方觉得不被重视，从而可能在对方并不想大肆庆祝生日的情况下，仍然为对方举办隆重的生日派对。这种情况下，对方也容易感到被控制，有窒息感，而我们自己则可能感到委屈，出力不讨好。

如果因为控制导致关系出现了裂痕，修复裂痕时就需要将认识到的这个原因表达给对方，这就可能让对方感到被理解。如果自己有改变的意愿，对方往往愿意相信改变是可能的。整体来讲，控制是缺失与创伤的结果，人们在亲密关系中控制对方,主要是为了防御内心的痛苦。

回避痛苦是人的生物本能,而控制是一种心理防御机制,这就是它会出现的原因。我们在哪里有痛苦、恐惧和无力等脆弱感受,可能就会在哪里控制对方。控制在某种程度上可以避免感受到内心的痛苦和恐惧。比如,一个独自在家时会感到孤独或害怕的人,可能会要求对方不要离开自己太久,减少出差和社交活动等;一个对未来缺乏安全感的人,可能会在花钱方面处处限制对方;一个有社交恐惧症的人,可能在不得不与陌生人接触时要求对方陪同。

每个人的内心都有痛苦和恐惧,在亲密关系中,我们都可能在某个时刻想要控制对方,以避免体验到这些负面感受,但每个人控制的程度和方式各不相同。

控制的方式可能是强硬的,比如对方不如自己的意就发脾气、攻击或批评对方;也可能是柔和的,比如分享一些与自己内心的期待不谋而合的文章、视频等给对方,希望对方学习之后可以发生变化,以此达到改变对方的目的。

当内心感到痛苦、恐惧和无力时,我们可以试着不去控制,自然地与这些感受共处。在能够承受的范围内,这样的做法本身就会使得这些感受慢慢减少,这是面对的力量,也是成长之道。**在爱的五种能力中,"允许"的核心内涵便包含了这一点:在某种程度上,允许即不控制。**

整体上来说,无论控制以怎样的方式出现,内心痛苦、恐惧和无力感越强烈的人,在亲密关系里往往越倾向于控制对方。要减少这类控制,我们需要做的是通过疗愈和自我成长,减少内心的痛苦、恐惧和无力感。

如果一个人内心的痛苦、恐惧和无力感过于强烈，通常如我们之前讨论的，这种情况下的自体较为脆弱，控制会成为他人格中的一个显著特点，而失控则是他最希望避免的。在亲密关系里，任何不满足他们期望、不受他们控制或者与他们预期不符的事情，都可能引发他们的愤怒或让他们感到委屈。

这其实是人在生命早期的全能自恋状态，而控制欲强的人的心理发展往往停滞在这一阶段。人在婴儿时期对妈妈是绝对依赖的，与妈妈处于一种融合共生的状态。婴儿必须感觉到妈妈完全在自己的掌控中才觉得安全，否则立即就会陷入巨大的恐惧之中。这个时期的我们，控制欲达到顶峰状态，试图最大程度地控制妈妈，却完全意识不到妈妈也有自己的需求，只关注于让妈妈满足自己，心理学家将这种现象称为婴儿对妈妈的"无情使用"。而妈妈需要进入一种全情投入、高度敏感且忘我的状态[1]，才能满足婴儿的需要。这个时期的我们还没有能力意识到妈妈是一个独立于我们之外的人，我们会误以为妈妈是自己的一部分，整个世界也都是我们自己的一部分。

如果妈妈对我们的各种需求回应得恰到好处，通常在三个月至六个月大的时候，随着心理的发展，我们会逐渐意识到一直以来满足我们需求的并非自己，而是外部的妈妈。自此，我们开始有能力意识到妈妈与自己是不同的个体，这就是爱的能力的起始点。同时，**我们开始有能力对他人感同身受，意识到**

---

[1] 温尼科特称之为原初母性贯注。

别人跟自己不同，从而开始有边界感。

随着成长，我们对妈妈从绝对依赖逐渐转变为相对依赖，之后慢慢走向独立。这个时候，即使我们的需求不被满足，我们也可以承受，比如当我们对自己的存在感到确定，发展出独处的能力时，对妈妈及时回应的需求就会相应减少，最终可能完全不再需要。

这是一个人心理发展、成熟的过程，也是一个人的控制欲逐渐减少的过程。这种可以把他人看成是与自己一样独立的人的能力，就是一种爱的能力。这种能力对每个人而言并不是非无即有的，而是从意识到妈妈的存在那一刻开始出现。

整体来说，在成长过程中，如果个体的各种需求被养育者恰到好处地回应，那么个体发展出的爱的能力就强，控制欲就弱；反之，如果需求被回应得不够恰到好处，个体发展出的爱的能力就弱，控制欲就会强。

最为严重的情况是，个体在意识到妈妈的存在之前就受到了创伤，无法发展出爱的能力，完全以自我为中心，控制欲也是最强的。

从感受层面来看，那些以控制为主要人格特征的人，其控制欲的背后隐藏着极其强烈的痛苦、恐惧和无力等脆弱感受。比如，前面我们讨论过的全能自恋者，他们内心的恐惧是人类所能体验的最强烈的恐惧之一，这不是对肉体死亡的恐惧，而是我们之前提到的对自体崩溃和消亡的恐惧。为了避免体验到这种感觉，他们需要牢牢控制他人，企图把他人拉入一种和他们融合共生的状态，并通过他人对他们各种需求的及时回应来维持一种自身全能感。这种情况下的控制类似于婴儿对妈妈的控制。

控制欲强的人像是要把别人吞没了一般，但他们其实是最为脆弱的人。他们看起来也许自信满满、神采奕奕，或者强势、霸道、能言善辩，但如果体验到无法控制周围的环境和人，可能会立刻陷入巨大的恐慌，为了防御这种恐慌，他们可能会表现出暴怒的一面。

再比如，那些在分离方面存在困难的人一旦面临分离，就会感到恐慌，觉得自己将陷入巨大的孤独之中。不过，虽然他们的控制欲也很强，但他们的控制行为通常只与对分离的恐惧有关。

同样都是控制，有的人可能只是通过控制达到不分开的目的，有的人却可能是连你想什么、有什么感觉都要控制。有的人在对方不受自己控制时可能只是有些不开心，而有的人则可能会暴怒。

整体而言，因为我们在出生时是最弱小无助的，所以越是在生命早期出现的创伤与缺失，我们内心感受到的恐惧就会越强烈，控制欲也会越强。

控制欲越强的人，不允许的事情就越多。在沟通时，他们往往不会述情、共情或请求协商，而是倾向于命令、攻击、批评和指责对方。这样一来，对方在关系里就会感到痛苦，想要分开的动力会增强，裂痕也会变大。

在亲密关系中，对爱人的控制越少，当对方身上发生一些事情时，我们就越是能够允许这些事情按照对方的意志或事物的发展规律发生,然后让对方去接受现实的磨炼,对方在这样的关系里就会感到自在、舒服,更愿意在这样的关系里成长,需要帮助时,也会主动去协商。最后,两个人都会感到被尊重。

在实际的生活中,有些人宁愿净身出户也要离婚。如果他们有重大过错,我们可能会说他们内心愧疚,所以想要给予对方经济补偿来减少这种愧疚感。但如果他们没有大的过错呢?那是不是有这样一种可能,就是他们想要用财富换取自由。用一些人的话来说,就是宁愿去流浪、要饭,也不愿意再一起过下去,可以想象他们在关系里有多痛苦。

修复因为控制导致的裂痕的困难在于,修复的一方往往因为害怕失去对方,会继续使用控制的方法强迫对方与自己和好,结果导致对方更痛苦,或想逃得更远。

所以,在这种情况下,修复的一方往往需要有实际的成长和变化,增强自己内心的力量感,减少痛苦和恐惧,降低控制欲,才有可能重新唤起对方内心对于在一起生活可以幸福的希望感。

第八章
独立性不足导致的单方面依赖

每一个人在儿时都需要依赖父母的照顾和关爱,才能正常生存和健康成长。从婴儿时期对父母的绝对依赖,即衣食住行都需要父母照顾,到相对依赖,即自己可以穿衣吃饭、走路、做其他事,然后成为一个完全独立自主的人,这需要一个过程。如果一个人在儿时需要依赖父母的阶段心理遭受创伤或有大的缺失,人格发展出现停滞,就可能会留下依赖性的特点,所以依赖往往是缺失与创伤的结果。

依赖他人的人会感觉自己内心是弱小无力的,没有能力应对、解决生活中遇到的一些问题。这正是创伤与缺失带给人的感觉,比如一个孩子很小就被送到亲戚家寄养,他很恐惧和妈妈分开,但又对此无能为力,可能哭闹了很久也无法改变现状。这时,他就会有一种强烈的绝望、无助以及被抛弃的感觉,而这种弱小无助的感觉会一直留在心里,成为他人格的重要组成部分,以后就可能发展出依赖他人的特点。

另外,人的能力是锻炼培养出来的,独立自主能力的发展也需要空间和历练的机会。在溺爱环境中长大的孩子往往被剥夺了这样的机会，因而可能依然有依赖性。

看到这里，你可能会发现，导致自体脆弱、理想化、控制的很多因素也正是导致依赖的因素，因为这些心理特点其实都指向一个共同的内在感觉：弱小无力感。这是一切心理创伤和缺失发生后人们在内心感受层面的核心体验，只不过心理创伤和缺失越严重，导致的弱小无力感就越强烈。

生活中有依赖倾向的人其实有很多，所以依赖是亲密关系中出现失望和痛苦的常见原因。比如，有的人不想工作，期待对方努力工作让自己过上优越的生活。在这种情况下，一旦对方的事业发展得不够好，他们就可能会失望；而对方容易感到被索取、不被关心等，会产生失望，甚至会感到痛苦，这就可能导致关系出现裂痕。

也有的人遇到什么事情都求助对方，让对方帮助自己解决生活中的各种问题，比如明明自己可以上网搜索、查询的信息，总是问对方，或让对方帮助自己查，甚至工作中的事情也让对方替自己做。在关系建立初期，对方可能愿意满足这样的需求，但若长期如此，会给对方带来负担，一旦对方没有满足他们的求助，他们就容易对对方失望。

依赖导致的问题是双方都有可能会对对方失望或感到痛苦。通常，依赖的一方失望于对方不能让自己依赖，而被依赖的一方会感觉疲累，有些情况下还可能觉得自己好像就应该被依赖似的，也就是我们常说的"感觉自己付出的一切都理所应当"，所以可能会委屈或愤怒。

亲密关系是成人之间的平等关系，我们在关系中的所有付出都是希望对方可以看见，并给予相应回馈的。如果对方真的看见并给予回馈，那么这种互动就体现了关系中的相互关爱和情感的正向流动。**依赖的本质是一方把另一方投射为父母，自己在关系里做孩子，认为"父母照顾孩子天经地义"，对方为自己所做的一切是理所应当的。**在这样的关系中，对方会感到自己只是被索取和使用，没有被关爱、被心疼。

这种理所应当的想法在亲密关系里如果存在，也容易出现控制。更准确地说，**所有的控制本质上都是依赖，控制的目的正是让自己能够有所依赖。**比如，不让对方出门社交，让对方留在家里陪伴自己，本质就可能是自己无法独处，需要依赖对方来摆脱孤独。而处处喜欢控制的人依赖的就是对方的一切都在自己的掌控之中的感觉，只有和对方完全融合共生在一起，才觉得安全。

当一个人想要依赖，却还使用强硬的方式控制对方时，就会像一个被宠坏的孩子一样，明明是自己需要对方，却还要别人来服从他们。这样的关系更容易出现问题。比如我见过一个被宠坏的孩子，当他走路累了想要大人抱时，他不是说"爸爸，抱抱！妈妈，抱抱！"，而是用手指着他的妈妈大声说："你！过来，抱着我！"被宠坏的人进入亲密关系后，如果希望对方帮自己做一项工作，可能会说："你晚上不要跑步了，把我的工作给我做好！"

更容易出现问题的关系是其中一方既依赖又控制另一方，还有一种高高在上的姿态。出现这种情况的原因在于，有的人

065

觉得自己在某些方面比对方优秀，比如学历、相貌或家庭条件等比对方好，在潜意识中瞧不上，甚至鄙视对方。

在这样的关系中，被依赖的一方付出了，结果不但没有得到应有的认可和反馈，还经常感到被贬低或鄙视，心里很容易产生委屈或屈辱的感觉，时间久了，肯定会想离开这样的关系。

依赖的一方如果不使用控制的方式，就只能讨好对方，但这又是对自我的压抑，内心深处也会很委屈。所以，最为健康的方式是不依赖任何人，做到独立自主，既不需要控制，也不需要讨好，这样的关系才容易融洽。

不过，我们能力再强，也会有需要依赖对方的时候，比如生病时需要对方照顾，心情不好时需要对方的安慰和理解。如果这种时候我们把对方投射为父母，这应该是相互的，即某些时刻我做孩子，你承担父母的角色照顾我，另一些时刻你做孩子，我当父母照顾你。这样就变成相互依赖，这样的关系才是平等的、成熟的，某种程度上这才是亲密关系存在的重要意义。

我们都有自己不擅长的方面，比如有的人不擅长使用新型电子产品，有的人不擅长收纳整理。这种情况下，遇到电子产品有问题了你来解决，遇到收纳整理类的事情我来做，就形成了一个各自发挥特长的组合。这样的组合在面对生活中需要解决的问题时，就能够分工协作、互相依赖。

生活中有很多夫妻，一方在工作上投入的多，所以为家庭创造的财富也多一些；另一方在照顾孩子、照顾老人、做家务方面投入的多，为家庭提供的关爱就多一些。这类情况——包括一些夫妻协商后其中一方选择在家全职照顾孩子——很多时候就属于相互依赖。

但如果一方既不能创造财富，也不照顾家人，甚至严重缺失这些能力，并且不想去改变，就明显是只想在关系里扮演孩子的角色，让对方扮演父母的角色。这不仅不能滋养对方，甚至连正常的生活需要也无法满足，容易导致对方失望和痛苦。

单方面依赖的原因在于个人没有发展出独立的能力，相互依赖是双方都有独立自主的能力，后者是为了最大程度地让家庭生活幸福而采取的合作策略，这是两者本质的区别。

不过，依赖依然存在程度上的差异，从几乎完全指望对方照顾自己到完全独立自主，中间还有很多状态。比如，有的人既不喜欢工作，又不喜欢照顾老人、孩子，家务也基本不做；有的人只是不喜欢工作；也有的人只是缺乏独处能力，需要对方多陪伴自己；还有的人只是调节情绪的能力弱，心情不好时需要对方安慰，以消除负面情绪。

世上没有全能的人，人的精力、时间有限，擅长的方面也有所不同。程度不大的依赖或者只是在某些方面需要他人，如果刚好和对方依赖的方面有差异，就容易形成相互依赖、共同协作的关系，也容易获得幸福。

通常来讲，我们独立自主的能力越弱，在亲密关系中的单方面依赖就会越强。如果因为过度依赖对方导致关系出现裂痕，那么去发展独立自主的能力，就会减少对方的失望和痛苦，关系就可能得到修复。如果意识到自己之前在关系中既依赖又控制对方，把自己的觉察告诉对方，就可能让对方立即感到被理解和认可。

比如，可以跟对方说："我之前没有意识到，我的控制行为背后其实是我需要你、依赖你、害怕失去你。我否认自己对你的需要，表现得好像是你应该爱我、关心我。我也觉察到自己经常否定你，似乎你做的都是错的，我做的都是对的。实际上，是我想要通过否定你让自己显得比你强，这样就好像你更需要我，而不是我更需要你。现在我才明白，我之前是拧巴的，实际上是我需要你，或者说我比你需要我更需要你，我之前没有意识到这一点，让你受委屈了。"

在我的工作中，有些人在经历了一段时间的探索和成长后，意识到这些问题，并与爱人分享了自己的觉察，结果他们的关系很快就得到了修复。

另外，我们每个人会被什么样的人吸引与自身的特点密不可分。如果你在亲密关系里总是被依赖的一方，就需要注意是不是只有具有依赖特点的人才吸引你。如果你太喜欢照顾别人，就容易吸引不够独立的人。这里需要注意的是，即便刚在一起时对方不是那种渴望被照顾的人，如果你在家里把原本应该属于双方共同分担的事情，一个人都承担了，对方也会慢慢变成什么都不干的状态，心理学上把这种现象称为退行。换句话说，**如果你在关系里一直像妈妈一样照顾对方，对方慢慢就会退行到孩子的状态。**

如果你是被依赖的一方，在修复裂痕时则需要去思考一个更加深层的问题，那就是自己为何找了一个有依赖倾向的爱人，并使得关系一步步发展到今天的。

这样的思考基于一种对自己的人生负责的态度，而不是陷入受害者模式中。只有我们对自己的人生负责时，事情才有转变的可能。对方想要离开时，你一边指责对方不独立，一边又想修复裂痕，这几乎是不可能完成的任务。而一旦你开始内省，意识到自己喜欢照顾别人的特点也许导致对方退行，或剥夺了对方成长的机会，就可以把这个觉察分享给对方，对方就有可能感到被理解和看见，裂痕就有被修复的可能。

第九章
未分化家庭导致的家人卷入过多

如前文所述，亲密关系是既融合又独立的，在好的亲密关系中，双方是融合连接在一起的。这有一个前提，即双方的人格都已经从与原生家庭融合共生的状态中分化出来，是独立的。否则，在关系中不但容易出现控制、依赖爱人等问题，还容易出现另一个问题，那就是父母、兄弟姐妹等家人过多卷入、干涉本属于伴侣二人的生活，这很容易导致亲密关系出现大的裂痕。

我不止一次见到因为一方父母在买房、装修和生育等事情上干涉过多，导致伴侣双方出现矛盾和冲突的情况。我也见过双方父母因为一些事情产生矛盾，闹得不可开交的情况，甚至有的伴侣本身关系还可以，但最后因为双方父母之间的交恶而分开。

通常来讲，之所以会出现这类问题，原因不仅在于伴侣关系中有一人或者双方都依然处于与原生家庭未分化的状态，还可能是他们的父母也处于这种状态，即原生家庭的一家人依旧共生在一起。

虽然子女已经成年，但处在这种状态下的父母依然想要与子女融合共生，不愿意让子女真正独立。他们通常会把自己内心的弱小无助感投射给子女，认为子女太弱小，没有能力去应对生命中遇到的种种困难，而他们才是强大的、有能力的（自恋），也意识不到自己与孩子之间应该保持边界，于是处处干预、控制，过多介入子女的个人生活。他们通常在子女上学、工作时就会过度干涉，到子女开始建立亲密关系时更是喜欢介入。这很容易导致子女的亲密关系出现问题。原本很多需要共同决策的事情——比如，房子在哪里买、房子装修成什么样、婚礼怎么办、孩子要几个、孩子上什么学校等——本身就已经很挑战一些不善于述情、共情的伴侣，这时一旦再有任何一方的父母介入进来，情况就会变得更复杂，很多事情的决策也会变得困难。

生活中一些人的恋爱、婚姻反复失败，其中一个重要的原因就是他们的父母对他们的情感生活干预太多，好像他们的父母根本就不想让他们结婚成家一样，要破坏他们的每段亲密关系。实际上，如果父母的心理状态还在融合共生阶段，这的确可能是他们潜意识里的声音。

我们常说的婆媳关系问题很多时候也与这个原因有关。如果婆婆的内心还与孩子处于融合共生状态，就可能缺少边界感，处处都要参与儿子的生活，引起儿媳的不满，进而影响儿子与儿媳的关系。比如，有的婆婆在儿子儿媳家就像在自己家一样，随意改变房间的布置和物品的存放位置，甚至随意扔掉、换掉她不喜欢的物品，什么事情都要按她想要的样子来，有的甚至进儿子儿媳的房间根本没有敲门的意识。

在这种情况下，如果儿子的内心也没有独立，对母亲唯命是从，处处维护母亲的意志，儿媳心里更容易感到不舒服。再加上，如果儿媳的原生家庭中刚好也有一个控制欲强的妈妈，心中本来就挤压了很多对被控制的愤怒，或者儿时有不被重视、不被尊重的创伤等，就可能唤起强烈的痛苦与愤怒等情绪。这就很容易导致夫妻关系出现大的裂痕。

在一些家庭里，会过度介入的不是婆婆，而是公公，儿子家的什么事情都要向他请示、汇报，由他做主，同样容易导致儿子和儿媳的关系出现问题。

我也见过一些夫妻之间出现问题与岳父母有关，比如因为需要有人帮忙带孩子，所以岳父母常年与女儿一家生活在一起，结果什么事情他们都要当家做主，女婿在家里找不到自己的位置，慢慢地就不喜欢回家了。

不管是公公婆婆，还是岳父岳母，只要他们的内心还与孩子处于融合共生状态，边界感不清晰，就容易干涉子女的婚姻和家庭生活。再加上，有些子女本身还对父母有依赖性，遇到事情喜欢找父母帮忙处理，相当于主动把父母拉进自己和伴侣之间的关系中，就更容易出现问题。

爱人之间出现矛盾，如果不是自己想办法沟通、解决，而是请父母介入找对方谈，就很容易引起对方的反感，导致夫妻间的裂痕变得更大。如果这个时候，刚好对方也有依赖性，遇到事情也喜欢找父母帮忙解决，那么原本只是伴侣之间不太严重的事情，最后却演变成双方父母之间的巨大矛盾。

另外，如果双方父母的心理都与孩子处于融合共生的状态，控制欲通常会很强。即便子女之间没有大的矛盾，双方父母也容易为争夺对子女组成的小家庭的控制权而博弈。结果就变成小家庭遇到事情时，不是伴侣之间沟通协商解决，而是双方父母直接越过二人进行对话。如果双方父母之间交恶，关系出现大的裂痕，很容易倒过来反噬伴侣双方的关系。俗话说"小两口吵架不记仇"，如果夫妻之间的感情基础很深，很多小矛盾当天就可以解决，但我们从来没有听到过"两亲家吵架不记仇"的说法。双方父母之间是姻亲关系，没有血缘，也没有小两口之间那样的感情基础，一旦交恶，很容易长期处于这样的状态，这不可能不影响小两口相处时的心理状态。

我和我的爱人在恋爱时期因为意识到了这一点，就达成了一个共识，那就是我们之间发生的矛盾由我们两人处理解决，不要让双方的父母介入，所以尽管我们结婚这么多年有过很多争吵，也没有影响双方父母之间的关系，更没有影响到我们两人各自与对方父母之间的关系。我们能够携手走到今天，不能不说与当初所达成的这个共识有一定的关系。

在有些家庭中，卷入过多的可能不是父母，而是兄弟姐妹。在多子女的家庭中很容易出现父母的精力不够用，对孩子照顾不到位的情况，尤其是在父母经济负担过重或体弱多病的情况下；也有的是父母缺位或能力不足，家中的某一个孩子通常容易成为代理父母，通过替父母操心家里的事情以及照顾弟弟妹妹来填补父母角色的缺失或减轻父母的负担，同时获得周围人的认可。通常来说，兄弟姐妹中的老大容易成为这样的角色（在某些家庭里，这个角色可能会是老二、老三承担），他们会变得少年老成、懂事体贴、勤劳节俭，对弟弟妹妹照顾有加，而弟弟妹妹也很容易习惯被照顾。这会影响他们各自的分离个体化，仿佛他们的关系就应该是照顾者与被照顾者一样。

这容易导致两方面的问题：一是作为代理父母的子女自身缺少了很多做孩子本应该得到的关爱，潜意识里通过努力付出获得他人认可的动力会被强化，变得更加愿意付出；二是习惯被他（她）照顾的弟弟妹妹很容易出现对他（她）的依赖倾向，缺少独立自主的能力。

成年之后，作为代理父母的子女容易过多干预弟弟妹妹的个人生活而不自知，包括工作、婚姻等，就像一些父母对子女过多干预一样。而后者也因为内心依赖他（她），遇到事情喜欢求助他（她），将其拉进自己和伴侣的关系中。这不仅会导致后者的亲密关系出现问题，前者的婚姻家庭生活也会受到影响。

在我认识的人中这样的情况并不是个案，比如一位从小一直照顾弟弟的姐姐，在弟弟结婚后，除了经常给他钱、物，帮助他解决一些生活中的问题外，在其他很多事情上——比如弟弟与同事、弟媳之间的相处——也经常替弟弟出主意，还经常给自己的丈夫安排任务，让丈夫替弟弟解决一些工作上的问题，导致她丈夫很有意见。而弟媳也常常觉得自己的丈夫凡事都听他姐姐的话，好像他的这个姐姐比自己还重要，心里有很多怨言。结果是他们姐弟二人的婚姻都出现了问题。

在多子女家庭中，如果一家人的心理都处于融合共生状态，无论兄弟姐妹中有没有特别明显的代理父母出现，成年之后都容易出现一种现象，那就是只要其中一个人的小家庭出现一点问题，就会成为这个大家庭的问题，所有人都想介入、干预。于是，这一大家子的人遇到点儿事情就像一锅粥一样搅在一起，都想要做别人的主，也都做不了自己的主。长此以往，这一家人的婚姻情感都会出现问题。在个别情况下，卷入过多的还可能是爷爷奶奶、外公外婆、叔叔阿姨等人。

总之，亲密关系是人与人之间在成年之后所能建立的最为紧密的关系，需要关系中的两个人都是独立的。关系中的很多问题有时需要两个人单独去处理解决。他人的过多介入或者过多依赖他人的帮助，都可能会让事情变得更加复杂，也容易影响亲密关系的质量，导致二人之间产生裂痕。

在经营关系的过程中，我们需要保护亲密关系的边界不被家人入侵，确保自己和爱人对关系的主导，也要与对方达成共识，避免彼此家人的过多卷入。

修复关系的时候，如果裂痕的出现与自身原生家庭存在这类问题有关，那么承认这些问题的存在，共情对方在过去所感受到的痛苦，并承诺以后会保护关系的边界不受家人入侵，也不轻易主动让家人介入，就有可能让对方看到未来在一起生活可以幸福的希望。

比如，可以跟对方说："我意识到我们结婚以来，我的父母过多介入我们的关系，很多事情本应该由我们二人共同商量应对，他们却经常要做主，而我可能也习惯依赖他们，我知道这让你受了很多委屈。你之前多次指出这个问题，我没有足够重视，现在我意识到这一点，并打算做出调整。以后，我们之间的事情由我们自己解决,如果他们想要参与,我会明确拒绝,并告诉他们我自己的事情想靠自己解决,不再让他们介入我们的生活。你觉得这样可以吗?"

需要说明的是,在婚姻家庭咨询中,虽然咨询师也会为夫妻提供帮助,但咨询师不会代替夫妻双方做决定,更不会把自己的意志加入他们的生活中。咨询师处于中立的位置,其存在的目的更多是促进夫妻之间的了解和理解,这与融合共生的家人们的卷入不同。

第十章
性生活不和谐导致的失望

爱情是婚姻的基础,而性关系是维系爱情的重要纽带,具有不可替代的生理功能和心理功能。缺少性生活或性生活不和谐都可能是关系出现裂痕的诱因。在修复亲密关系中的裂痕时,我们也需要关注是否存在性生活方面的问题。一旦这些问题得到妥善解决,关系被修复的可能性将会增加。

我在工作中遇到过有的夫妻之间出现问题,当通过咨询意识到可能与性生活不和谐有关后,他们愿意尝试解决这方面的问题,很快就反馈关系有了改善。

我们知道,在自然界中不以繁殖为目的进行性活动的动物——除了人类、黑猩猩等高等动物以外——并不多见。多数动物有固定的发情期,它们只有在发情期才有性活动,而人类没有固定的发情期,在性发育成熟以后长达几十年,一年四季都有性需求。这对于人类来说一定有独特的意义。

对性的需求是人的本能,人的每一种本能背后都是在满足自己的某种需求,比如婴儿生下来就有吸吮的本能,吸吮会带来快感，但获得这种快感并不是目的，真正的目的是通过吸吮将母乳送入胃中。那么，人类长期进行性活动是为了得到什么呢？了解这一点有助于理解性关系在亲密关系中的重要性。

当然，首先是繁殖，但它不是人类长期进行性活动的唯一目的。女人在怀孕期间和绝经后依然有性需求，这说明即便不以繁殖为目的，人们仍然需要性活动。

很多人认为这是一种生理需要，但真的就只是纯粹的生理层面的需要吗？现代心理学的探索已经揭示，生理层面的性需要其实是驱使人们进行性活动的动力，而不是人类性活动背后的需求。就像人们喜欢吃含糖量高的食物，是因为人们喜欢这种甜的感觉，但其实它们真正满足的是人们对能量的需求，而对甜味的欲望只是人们进食能量的内驱力。

简单来说，如果糖不甜，人们可能就不会那么喜欢吃含糖的食物，身体也就无法获得足够的能量。同样，人们进行性活动不仅是因为它可以满足生理需求，就像吃糖是为了获取能量一样，其背后隐藏着更深的需求。

这种背后的需求是什么呢？心理学家认为，这是一种对深度关系的需求，也可以理解为一种与另一个人融合在一起的心理需求。在正常的性生活中，人们在心理上会进入一种融合状态。此时，人们内心的孤独、恐惧和焦虑等负面感受统统隐入幕后，人们体验到的几乎都是正面感受。从这个意义上来理解，人类伴侣之间的性生活像是通过与爱人的融合获得了某种精神层面的补充。比如，可能包括：被全然地爱和接纳的感觉，被深深地认可、喜欢的感觉，自己是对方的唯一、最重要的人的感觉。我认为所有这些需求都可以用一个通俗的词来概括，那就是"被稀罕"的感觉。

在爱人之间正常的性生活中，心理需求的被满足达到了一种特有的高峰。这些需求被满足后，就像汽车加满油、手机充满电一样，人们可以重新出发，去面对生活中的各种不确定性。一般情况下，一个成年人每隔一段时间就需要一次性生活，从心理层面来看，这就像隔一段时间需要加一次油、充一次电一样，是在生理驱力的推动下获得心理层面的满足。

也就是说，纯粹生理层面的性欲望是一种驱力，它一定要与人们对爱人的爱这种情感结合在一起，形成对爱人的情欲，才是完整的性需要。反之，如果性活动没有与爱融合，它就只是释放了生理驱力、满足了生理需要，而无法让人体验到心理上的满足感，这样的性需要就不是完整的。而缺乏精神层面的滋养，可能会让人感到孤独、空虚和焦虑等。对于缺少性生活的人来说，他们不仅失去了精神能量的补充，生理层面的驱力也未能得到释放，这种生理层面的压抑同样会带来许多不适感。

以上所述只是性活动满足的心理需求的一部分，但可能是其中最重要的。性活动具有更多复杂的功能，能满足人们多样化的心理需求。但若将性活动作为一种防御机制来抵御痛苦，可能让一些内心有很多痛苦的人出现性成瘾。或者有些人在内心感到痛苦的时候，性需求会增加。在这些过程中，性活动成为一种防御痛苦的机制，这种现象在心理学上被称为"性欲化"。比如，有些人一旦压力大或者焦虑，性需求就会增加，很

081

明显这是为了防御内心的负面情绪。

在正常的亲密关系中，爱与恨往往并存，这体现了人类情感的矛盾性。这两种情感是推动我们与他人关系变化的相反力量：爱使关系更紧密，而恨则将彼此推远。

如果一方心中怀有对另一方程度不大的愤怒和恨意，这些情绪可以通过性活动得到释放和表达。但在正常情况下，这个过程是和爱的情感表达同时出现的，且在一定程度上是有所节制的。比如，一个人对另一个人轻声说"你这个浑蛋"，这可以说是在用一种温和的方式表达不满或恨意，这种方式容易为人所接受。在正常情况下，性关系不仅能满足双方的情感需要，还能在一定程度上缓解彼此的负面情绪，从而使两人之间的关系变得更亲密。

性作为一种本能需要，也许还有更多功能，但还没有被我们认识到。总之，亲密关系里如果缺少和谐的性生活，各种本可以满足的需要可能都会缺失，这往往会产生失望，也可能唤起痛苦。比如，有的人会怀疑是不是对方不够爱自己或者自己的魅力不够，这些都可能会导致关系出现裂痕。

性生活不和谐与身体因素和心理因素有关，而早泄、阳痿和性冷淡都可能涉及心理因素。比如，全能自恋的人往往缺少和他人建立亲密关系的能力，严重的情况下几乎不会爱上任何人，他们通常只有性，没有爱。这很容易让对方感觉自己只是满足其生理欲望的对象，感受不到爱的存在，从而逐渐对性生活失去兴趣，甚至产生排斥。

还比如有一些人，他们的心理发展虽然已经超越全能自恋状态，可以与他人建立亲密关系，但因为恋父情结或恋母情结[1]未能得到解决，他们的性欲要么是被压抑的，要么是和爱分裂的，导致他们无法对爱的人产生性欲。他们潜意识里会把另一半当成自己的父亲或母亲，这是被超我禁止的。结果就是能让他们产生性欲的人，他们是不能爱的；而他们对自己所爱的人又无法产生性欲。也就是说，他们爱的人和有性欲的人不能是同一个人。如果他们选择跟能让他们产生性欲的人在一起，就可能需要在关系外寻求爱的补偿。而如果他们选择跟爱的人在一起，性需要的未满足又使得他们可能会渴望寻求关系外的性满足。这种现象发生在男性身上时，其诱发时间往往是在妻子生了孩子后，这很有可能是因为当妻子的身份转变成母亲，唤起他们潜意识深处把妻子体验为母亲的感觉。

再比如，如果一个女性极度缺少安全感，就可能会把性行为体验为入侵。这就导致她在性活动中可能会感到紧张甚至害怕，身体本能地产生拒绝反应。

当一个人的控制欲过强，在性生活中坚持要占据主导地位时，另一方可能会感到自己完全处于被控制的状态，从而产生不良感受。另外，性活动也可以作为一种表达攻击性的方式。

---

[1] 通常来讲，儿童的心理发展到某一阶段（通常是三岁到五岁）时，会对异性父母产生一种强烈的情感，并渴望得到异性父母的认同，同时会与同性父母产生竞争关系，甚至出现嫉妒心理或敌意，心理学上将这一阶段称为恋母情结（又称俄狄浦斯情结）或恋父情结（又称厄勒克特拉情结）。如果这一阶段的心理冲突未能得到妥善解决，某些心理特点可能会延续到成年后，并在建立亲密关系时产生负面影响。

如果一个人过度压抑了攻击性，性兴奋水平可能会被削弱，比如会出现性冷淡或阳痿，另一方的性体验也会不好。而如果一个人在性关系中的攻击性过多，对方又可能难以体验到爱与温情。

在我接触的案例中，夫妻长时间没有性生活或者偶尔才会有一次，原因可能有很多。例如：工作太忙；家里有老人和孩子，没有空间；对方没有主动，自己也不好意思主动；被拒绝几次后不再主动，也没有通过沟通解决这个问题；对性生活缺乏兴趣。随着时间的推移，这些因素都可能导致失望和痛苦。

如果在性生活方面存在问题是导致失望和痛苦的原因之一，那么有针对性地解决这方面的问题就是眼下需要去做的事情。如果性生活不和谐是由客观原因引起的，夫妻双方应该协商解决；如果是由心理问题引起的，可以考虑寻求专业的心理咨询和帮助。

第十一章
长期失望和痛苦导致的耗竭

任何两人之间的感情都是相互给予正向体验沉淀的结果，也是连接变得更紧密的原因。关心、理解、认可、接纳和照顾等都会滋养内心并增进感情。相反，那些带给彼此失望和痛苦的负向体验，包括批评、指责、谩骂、入侵、忽视和暴力等行为都会消耗本已建立起来的感情。

沉淀和消耗之间的关系并不对等，几十次甚至上百次正向体验所沉淀下来的感情，也许一次大的负向体验就能消耗完。即便两人之间还有感情，人的精力、耐受力也是有限的，更何况人与人之间存在差异，不同的人承受能力也不同。

如果一个人在工作中长期感到压力很大、节奏很快，一直得不到休息，体力和心力得不到恢复和补充，还经常体验到挫败感，就容易出现耗竭。结果可能就是忽然有一天他不想工作了，对工作的一切都觉得无所谓。在亲密关系中，如果一个人不但没有得到渴望的滋养，还在不断地重复创伤体验，那么当这种情况持续到一定程度时，这个人自然会失去向前走的动力，可能会萌生放弃这段关系的念头。这种情况我们也可以理解为精神耗竭，表现就是忽然觉得自己没有力气继续经营这段感情，不想再待在这样的关系里。

比如，从小不被认可、肯定和欣赏的人在亲密关系里如果不仅得不到正面反馈，反而经常被批评、指责和否定，不断地重复儿时的创伤，状态可能就会越来越差。这就像人如果缺氧，随时可能昏迷一样，在上述这种情况下人也可能会随时崩溃。

为了防止自己崩溃，如果一个人觉得离开这段关系也可以正常生活，他就可能想要离开；而如果他又离不开这段关系，就可能出现各种防御性行为或症状，如脾气变差、酗酒、情绪低落、性欲减退，甚至抑郁。

在实际生活中，如果一个人觉得自己的某些本能或渴望会给关系带来较大的负面影响，就可能会压抑这些本能或渴望，导致大量心力被消耗，也就是我们常说的"内耗严重"。比如，一个男人如果在童年时期看到父亲对母亲施暴，就可能一边心疼母亲，一边怨恨父亲。为了避免自己身上出现和父亲类似的暴力行为，他也许会努力压抑自己的攻击性，即使在关系里有不满也不表达出来，而是将情绪都憋在心里。一个女人如果儿时有被抛弃的经历，就可能为了避免再次被抛弃而在关系中过度付出，却不敢表达自身的需求，结果连最基本的需求——比如休息——都得不到满足。

长此以往，这些防御本身可能会导致耗竭，使人感受不到生活中的幸福，做什么都提不起兴趣。如果此时婚姻里再出现一些新的失望和痛苦，他们就会觉得自己无力向前，想要放弃这段关系。

这种现象既然叫耗竭，通常就不会是忽然间发生的，而是慢慢积累的。

亲密关系中比较常见的耗竭可能发生在一方强势且控制欲强，希望与另一方融合共生，而另一方相对温和、忍让的组合里。后者被前者高度控制，在关系里感到窒息，当这种感受积累到一定程度时，就可能导致耗竭。

耗竭也可能出现在一方主动放弃自我，不断讨好和顺从另一方的关系中。尽管对方可能并未表达不满，有些人也会因为害怕对方不满而过度付出、压抑自我。这是一种被动的融合共生形式，与高度控制的主动融合共生的关系类似，时间久了，也可能导致耗竭。

在多年的工作中，我见过许多在中年时期忽然想要放弃一切去追求自己想要的生活的学员和来访者，他们有一个共性，即过去在婚姻生活中一直都是隐忍、付出较多的一方。多年来，这个家庭表面上看似正常，他们的爱人和孩子可能都感觉很幸福，所以当他们想要结束关系的时候，身边的人通常会大吃一惊。这表明耗竭就像海洋中的暗流，常常是在潜意识里不知不觉发生的。

不只是强势和控制、讨好和顺从会导致耗竭，前面我们所描述的所有关系破裂的原因，如果存在，都会消耗感情，也都可能导致耗竭，当然还可能有一些我们没有描述到的因素。在实际生活中，亲密关系中的问题往往不是单一的，而是多个问题的集合，比如可能同时存在控制、依赖以及内心需求得不到满足等问题。

修复关系时，如果意识到裂痕的出现是出于这样的一些原因，承认对方多年以来所承受的痛苦和失望，并对过去缺少对对方的关心表达歉意，同时承诺并切实改变以后的相处模式，就有可能让对方看到希望。如果是自己出现耗竭，休息是眼下最重要的事情，给自己放个假，去一直想去的地方旅游，或做一些自己喜欢的事情，把家里不喜欢、看着不顺眼、用着不顺手的东西换掉，都可能会让自己的心情好一些。除此之外，如果愿意，与心理咨询师聊一聊也是对自己的关爱。耗竭常常与内心的压抑有关，通过专业人士的帮助解除这些压抑，可以让自己变得轻松些，心力也更容易恢复。上述一切的核心在于，将眼下的生活调整到遵循自己的内心感受上来。

唯有爱，才能弥补裂痕

第三部分

掌握五大原则，
避免裂痕越修越大

过去这些年里，我经常听到学员、来访者在上课或咨询时说："要是我早点明白这些就好了。"这说明很多人在亲密关系出现问题后，要么不知道该如何应对，要么应对的思路和方法有问题。有时候越是努力修复，裂痕反而越大，甚至导致对方逃得更远，态度更决绝，这种情况很常见。原因在于，在修复裂痕的过程中，人们的整体思路经常是错位的，用"南辕北辙"来形容一点也不为过。

我在前文中已经反复提及，亲密关系中之所以出现裂痕，主要的原因在于正常的家庭生活需要无法得到满足，内心对爱的需要未被满足或者创伤被反复触碰。若要修复裂痕，就要从这几点入手。

人们在关系里感到失望和痛苦时，通常会通过抱怨、发火、冷暴力等行为表达不满，希望对方能够意识到问题并做出改变。当然，积极的沟通也是一种有效的方式，但往往被忽视。当关系出现裂痕时，人们会收回一些与对方的连接，原因通常是觉得对方在这些方面不会有所改变，也就是我们对在这段关系中自己的需求能得到满足以及创伤不被触碰不再抱有希望。

基于这样的思路，修复裂痕时人们需要秉持的态度和采取的做法也相应明了，就是要先认识到这些，然后对对方的失望和痛苦能够深深理解，努力调适自己，去承担应尽的家庭责任以及满足对方对爱的需要，并避免再次触碰对方内心的创伤。总之，就是要尽力消除关系中对方感受到的负向体验，增加正向体验，即便有些事情当下还做不到，也要让对方看到以后可以做到的希望。但这不能是给对方"画大饼"，否则当对方意识到改变并不会真的发生时，关系就可能出现更大的裂痕，甚至彻底破裂。

在实际生活中，很多人虽然想修复裂痕，但所做的事情恰恰是重复触碰对方的创伤，对对方表达不满，甚至质疑、否定对方的需要，使得对方越来越绝望。比如有的人让对方失望或痛苦以后会向对方道歉，当对方仍需要时间来平复心情时，他们却说："我都给你道歉了，你怎么还不原谅我？"这就将原谅的责任推给了对方，仿佛对方不原谅就是一种错误。这样指责对方很可能会重复对方的创伤体验，而没有任何对缺失的弥补，更没有体现出共情。我们可以感觉到，这样的道歉大概率只是一种策略，并没有多少真情实感的投入。如果真诚地投入感情，你就会去想既然道歉无法让对方释怀，是否意味着对方内心的委屈、心寒、愤怒和失望等负面情绪积压太多，以至于简单的道歉并不能平复他的心情；也会愿意给对方一段时间来平复情绪。

因此，类似不真诚道歉的做法往往不仅无法增进感情，反而可能会把裂痕撕得更大。

基于"**承担责任，滋养对方，避免创伤再次被触碰**"的总体原则，我总结了修复裂痕时需要注意的五个原则。这些原则也可以说是五种基本的态度、方法或要点，是促进裂痕修复的关键因素，也是关系中的裂痕弥合所需的"营养"。只有具备这些要素，裂痕才可能被真正修复。

第十二章
原则一：用感情而非技巧

关系的本质是心与心的连接，其核心在于通过积累正向体验，逐步加深感情。修复裂痕是让两人内心断裂开的部分重新连接，从而增进感情；而裂痕可以修复好，也一定是因为双方还有感情，心与心的连接并没有全部断裂。

在一部曾经热播的电视剧[1]中，经商成功的丈夫有了外遇，以买房为由骗妻子办理假离婚。妻子又哭又闹没有效果后，听从一位擅于琢磨人心理的阿姨的建议办了一场离婚典礼。在典礼上，她饱含真情地回溯与丈夫过往的种种经历和不易。她只表达了自己的感受，没有说一句指责对方的话，逐渐唤起丈夫内心对她的感情。丈夫当场泪奔，紧紧地和她拥抱在一起，说："我们回家！"

这是一段非常精彩的通过回溯过往成功修复裂痕的剧情，但这样的操作之所以能成功，有一个必备的前提，就是丈夫对

1　此即《离婚律师》。

妻子还有感情，而且可以说非常深厚。妻子当初不顾父母的反对坚决嫁给现在的丈夫；后来，丈夫的腿骨折需要康复按摩，妻子通过做翻译工作赚取费用，她翻译一万字才能挣到够丈夫按摩一次的钱；公公生病时，她带着老人跑遍北京各大医院；婆婆瘫痪在床，她照顾到老人去世。多年来妻子义无反顾的爱和付出，在丈夫内心沉淀出很多感情，他们内心的连接很多，只是成功之后的他暂时忘掉了这些。

从心理学的角度看，现实中如果真有一个这样的男人，他很可能像我前面所说的那样，在爱和性方面有一定程度的分裂，否则就可能是人格有解离[1]的部分，还存在一定程度的自恋。当他遇见一个比妻子漂亮、知性的年轻女性时，他的自恋、情欲等需要在新欢这里被满足得更多，这种被满足的感觉占了主导地位，与妻子过往二十多年的深厚感情渐渐从意识中被分裂或解离出去。但是，他又无法面对自己与妻子过往的深厚情感以及此时强烈的内疚感，所以选择"假离婚"的方式骗妻子离婚。

当妻子在离婚典礼上用大屏幕播放他们的生活照，伴随着煽情的音乐，满含委屈、伤心地一件件回溯过往发生的事情时，丈夫内心深处之前分裂或解离出去的部分开始浮现到意识中。对妻子的内疚、心疼逐渐成为他当下情感的主导，最终情绪崩溃。之前对妻子的排斥、反感，以及对新欢的情欲隐入内心，也可以说是从意识中分裂或解离出去了。

---

[1] 一种心理防御机制，指的是在遭遇创伤事件之后，因为无法承受痛苦，自我与思维、情感、身体或外部环境的联系断开或改变。

妻子可以成功修复裂痕，表面上看起来是因为她得到高人的指点，找到一个好方法，使丈夫无法再次逃避内心的情感和愧疚，但实际上真正起作用的是妻子的真情实感。在离婚典礼上，她的委屈、伤心和爱得到充分表达。正是这些情感的流露唤醒丈夫内心对她的感情和愧疚，而不仅仅是典礼本身的作用。

即便没有办离婚典礼，如果他们有其他的沟通方式，妻子也能有机会真挚地回溯过往，表达自己的感情，从而唤起丈夫内心的情感。当然，从概率上讲，播放照片和音乐，又是当着亲朋好友的面，增加了成功的可能性。

同样的做法，如果换成一个没有为对方付出那么多的人，没有在对方的内心沉淀下那么多的正向情感体验，没有内在的真情实感作为基础，是不可能成功的。特别是那些过往带给对方很多痛苦的人，如果回溯过往，可能会使对方更加痛苦。

不过，编剧并没有续写这对夫妻未来的生活。在我看来，既然这位丈夫的内心有所分裂或解离，并且存在一定程度的自恋，那么在离婚典礼这个特殊场合下，他对妻子的情感虽然暂时占了上风，看似关系得到了修复，但如果他们的关系中没有发生一些深刻的变化，或者丈夫的人格没有被更好地整合，那些被分裂或解离出去的需求、情欲和自恋等，随着时间的推移，很可能会再次成为他意识的主导。

若真是如此，很难保证以后不会再出现一个新欢，到那时他对妻子的感情可能又会从意识中分离出去。意识上，丈夫也许会认为自己当初是受到离婚典礼氛围的影响才决定不离婚的，因此可能会再次反悔。

这毕竟是电视剧，希望不会让一些人误以为，想要成功修复裂痕，就必须有"高招"，要找到"高人"，而忽略感情基础这个最重要的因素。

可以说，这样的"高招"给了彼此一个机会。如果这是真实的生活，他们可以在之后好好沟通，剖析双方是如何走到这一步的。双方都充分表达自己内心的感受，也都充分理解对方的感受，并制定出以后避免再出现类似问题的解决方案，关系才能真正得到修复。

还是在这部电视剧里，另一个已婚男士有了外遇，他的妻子起诉离婚。在法庭上，这个男人简短回溯二人的过往以及内心对妻子的感情，就使妻子回心转意。从离婚典礼到法庭陈述，起主导作用的始终是夫妻间深厚的感情基础。

电视剧虽说是艺术，但毕竟源于生活，依然可以给我们启发。遇到类似情况，我们也可以去想一些方法和技巧，但所有的方法和技巧一定是建立在有感情基础这个大前提下，所有的回溯都是为了表达、连接感情。可以说，方法和技巧都基于感情，没有感情，也就没有方法和技巧。如果有真诚的感情投入，即使只是进行一次简单的二人晚餐，也能使感情得到修复。相反，如果缺乏感情的参与，即使形式搞得再复杂，也可能都是徒劳。

不管是上述第一位丈夫，还是第二位妻子，他们都曾经在婚姻关系里有过被爱、被滋养的体验，这些体验沉淀成他们对伴侣深厚的感情，形成了双方的连接。当对方回忆过去并表达对他们的感情时，唤起了他们内心深处的情感，也让他们意识到在关系里仍能继续得到爱和滋养,这促使他们回心转意。

另外,不管用什么样的方法和技巧,在关系得到缓和之后,都要进一步理解关系中到底发生了什么,表达出彼此内心的真实感受,并有针对性地做出调整,才能让关系得到真正的修复。

纯粹的方法和技巧即便在当时起了作用,如果缺少感情层面的真正修复,也很容易在事后让对方感觉是被"套路"了,这可能会对感情有更大伤害。

第十三章
原则二：用协商而非控制

正如前面提到的，控制是导致关系出现裂痕的一个常见原因，而控制行为的背后往往反映出人们内心的痛苦和恐惧。也就是说，如果一个人内心有很多痛苦，他在关系里的控制行为就可能会更多。

在这种情况下，想要真正地修复裂痕，就要让对方看到关系里的控制会减少，甚至消失。这源于我们自身的内省和成长，也就是要有实质性的改变。但如果内心的痛苦和恐惧未被消除，这个人的控制倾向就会一直存在，这导致我们在修复裂痕的时候，一定会不自觉地继续使用一些控制的方法，而这常常会使裂痕变得更大。比如，不让对方睡觉，一直与对方谈话；频繁给对方打电话、发信息；找对方的家人或领导施加压力；甚至威胁对方，如果不和好就伤害自己；等等。

控制的做法很少能增进感情，却往往会继续伤害两人的关系，有时还可能让对方感到恐惧，进而导致关系彻底破裂。因此，在实际生活中，经常会出现这种情况：当人们试图修复重大裂痕时，对方一开始还愿意沟通，到最后却干脆"拉黑"，拒绝再沟通。除了有些人习惯用"拉黑""玩消失"这样的方式处理分手外，过度的控制也会增加对方这样做的可能性。如果修复关系的一方不采用控制的方法，对方这么做的可能性就会降低。

与控制相反的方法是协商，这建立在充分尊重对方意愿的基础上。无论是决定是否和好，还是在日常相处中，甚至在修复关系过程中的每一次沟通和见面，都应该尊重对方的意愿。这样，对方就没有必要回避沟通，更没有必要"拉黑"和"玩消失"了。

实际上，你如果体验过，就会知道，与一个完全不控制别人、充分尊重他人、允许他人表达意愿的人相处是一件非常舒服的事情。你完全没有必要躲避这样的人，因为与他们的一切互动和沟通，他们都会尊重你的个人意志。这意味着一切都在你的掌控中，你不会产生想要远离、回避这种人的想法。相反，很多时候，你会渴望跟这样的人多接触，因为你会在与他们的互动中得到滋养。

当我们使用没有控制色彩的方法来修复关系，对方更愿意保持沟通和互动。这样就有机会唤起对方内心的情感或者增进双方的感情。而带有控制色彩的方法会让对方减少沟通和互动，从而减少唤起或增进感情的机会，还容易进一步消耗感情。

如何判断自己在修复关系的过程中有没有控制对方呢？前面讲过，其中的关键是有没有给对方选择的权利，即任何事情都跟对方协商，而不是忽视对方的意愿。比如，想跟对方见面时，问对方什么时间有空，去哪里方便，这是协商；直接告知对方什么时间去某个地方，并且以强硬的态度表示"不去就走着瞧"，对方就会有被控制的感觉。再比如，充分表达自己的内心感受，也充分共情对方的感受，告诉对方自己愿意为了这段关系做出改变，然后请对方给彼此一个机会，但给他自由选择的权利，这是协商。而指责对方如果不复合就是冷漠、无情，就会给对方被控制的感觉。

可以说，所有企图通过抱怨、攻击、贬低和威胁等让对方不舒服的方式修复关系的做法都有控制色彩，都是想以此让对方来服从我们的意愿。这样会形成一个"死循环"，那就是越害怕分开，越可能控制，而越控制，就越容易分开。

如前文所述，控制行为背后的原因往往与内心的痛苦或某些人格特质有关。控制是为了逃避内心的痛苦和恐惧等，而不控制就意味着要去面对这些感受，比如分离的焦虑、存在的焦虑、无力感、失控感和挫败感等。一个人内心的痛苦如果太多且难以承受，就会不自觉做出带有控制色彩的事情。

若想修复裂痕，往往需要面对内心的痛苦和恐惧，并减少控制。但这样做可能会使修复的必要性相应减少，因为如果是为了不让自己痛苦和恐惧才修复裂痕，那么在能够面对内心的痛苦和恐惧之后，你的重心可能会转移为审视自己对对方的感情究竟有多深。

我遇到过很多人在能够面对内心的痛苦和恐惧之后，认为关系是否修复已不再重要。他们觉得自己一个人生活，或者一个人带孩子，也可以过得很好。此时如果对方不愿意和好，他们也就觉得没有必要再勉强在一起。

每个人在关系中都需要思考一个更深刻的问题,那就是对方为什么要跟你在一起?是因为恐惧你或应该爱你,还是因为在和你的这段关系中得到了滋养?

很多人在关系里没有意识到对方愿意跟他们在一起的真正原因是什么。他们通常觉得对方就应该对他们好,就应该跟他们在一起,仅仅因为对方曾经对他们好,对方曾经承诺要一直在一起。

两个人在一起,一定是因为爱,因为感情,而这些基于彼此的相互滋养,而非相互控制。本质上,也一定是因为我们有爱的能力,而不是控制欲强。对方曾经对我们的好和做出的承诺,可能源于对方愿意留在这段关系里,而不是被要求。否则,对方可能会有被控制的感觉。

也有人会觉得要快些修复,否则对方万一和别人在一起了怎么办。当关系出现重大裂痕后,如果双方很长时间都不联系,对方的确有可能会怀疑自己在你心中的重要性,甚至认为你可能已经放弃这段感情。但如果对方仍处于生气或恐惧等情绪中,而你此时逼迫对方回归,就可能让对方更加痛苦、恐惧,结果逃得更远。所以,有些人不停地给对方打电话、发信息,结果就是被"拉黑"。更有甚者,有些人会跟踪对方,在对方的工作单位门口堵截,结果导致对方感到恐惧,从而关闭一切可能的沟通渠道。比如,对方会搬家、换工作,只为躲避这种困扰。

修复的艺术就在于,既让对方的情绪有所缓解,又不会让对方感到你已经不爱对方了。这个尺度不容易把握,需要我们克服自己内心的恐惧,走出痛苦,也需要感知对方的感受,对自身内心的强大和共情能力都有一定的要求。

一般而言,两个人在一起会有好的体验,也会有不好的体验。在关系出现裂缝时,如果本身还有感情,那往往只是不好的体验暂时占据了对方的内心,那些好的体验暂时被搁置到一边。但不代表这些好的体验会彻底消失,也不代表以后不会被对方意识到。这一点在那些当初分开又在若干年后旧情复燃的人身上得到了证明,那些好的感觉还在,只是当初可能从意识中被分裂或解离出去。所以,当对方内心不好的体验慢慢淡一些,好的体验开始浮现时,修复的机会就来了。

如果不好的体验还很强烈,对方心里可能还存在愤怒、委屈、恐惧等情绪,那些好的体验就较难浮现出来。这时去修复关系也不是没有成功的可能,只是就那些想尽快逃离关系的人而言,这样可能会增加他们不好的体验,使他们逃得更远。

给对方买礼物、关心对方的家人、主动发生亲密行为,这些事情在平时可能会增进感情,但在修复关系的时候,如果对方很抗拒,勉强去做,就会带有控制的色彩。

总之,控制是为了防御内心的恐惧、脆弱和痛苦等感受,但控制本身会导致更多问题。关系出现裂痕似乎是生活给我们的一次提示,面对这样的提示,也许我们应该好好思考一下,是否要去面对内心的恐惧、脆弱和痛苦。

第十四章
原则三：用容纳而非报复

我和我爱人在恋爱的时候，我们的关系曾出现过一次大的裂痕，而她在处理裂痕时的做法非常值得借鉴。

当时因为一些事情我们之间发生了争吵，我感到很生气，就没有主动联系她。过了一段时间，她主动来找我，手里拿着一件新买的衬衣。她看到我之后，就像之前的争吵完全没有发生一样，笑着对我说："我刚才逛街时看到一件衬衣不错，就给你买了，也不知道你喜不喜欢。"此时刚好有人邀请我们一起吃饭，我虽然当时心里对她还有情绪，但还是去了。神奇的是，等到饭吃完，我的情绪也基本消失了，我们和好如初，感觉比以前还要亲密。

可以说，她成功弥合了我们之间的裂痕，让我们的感情度过了一次危机。她的这种做法，更准确地说是这种态度，是我接下来要介绍给大家的。

修复裂痕肯定没有魔法，但她的做法似乎有某种神奇之处，就是看起来什么也没有做，结果却是什么都做了。

容纳对方对自己的不满，并当作什么事情都没有发生一样继续与对方互动，这种方法主要适用于自身在关系中并没有犯下大过错的情况。如果自身确实有过错，还当作什么都没有发生，就会让对方觉得我们并没有认识到自己的过错，也没有看到对方所受到的伤害。

关于这种方法背后主要的心理学原理，我在前文已经有所阐述。按照克莱茵的理论，人在生命的早期内心是分裂的，之后虽然能够实现一定程度的整合，但这种原初的分裂在很多成年人的内心依然存在，并且不同的人分裂的程度不同。在未来的人生中，我们也都一直在整合自己，但可能永远无法彻底整合，总会有某种程度的残留。

由于这种分裂的残留，在亲密关系里当对方没有满足我们或者冲我们发脾气时，我们中的很多人可能会不同程度地把对方视为坏客体。既然每个人内心都可能存在不同程度的未整合好的部分，那么自己的分裂部分与对方的分裂部分一旦相互作用，就会导致双方产生失望和痛苦。

在夫妻关系中，如果丈夫因为妻子发脾气而将她视为坏客体，妻子可能也正因为丈夫忘了她交代的事情而把丈夫视为坏客体，这会导致两人对对方都更加愤怒和有敌意，从而加剧两人内心的失望和痛苦。

这是一个恶性循环的过程，关系中的每个人体验到的失望和痛苦都是在这个互动循环过程中积累叠加出来的。这正是投射性认同[1]在关系里不断起作用的结果,双方都投射内心的"坏妈妈"给对方,双方又都认同了对方的投射,即都觉得"你认为我不好,我就对你更不好给你看看"。

实际上,在这种情况下,如果两个人中有任何一人不认同对方内心的投射,这个恶性循环就无法进行下去,就会变成"我允许你的情绪存在!我知道你认为我对你不好,但这只是你认为的,而我并不是这样的,因此我也不会真的就对你不好"。这种做法基于可以承受和容纳对方的情绪,并继续给予对方关爱,从而使对方的情绪逐渐平息。

认同对方投射出的"坏妈妈"部分,也即恨和敌意,并被这些情绪驱使着真的"坏"给对方看,报复对方,是很多情侣之间经常相互伤害而无法彼此滋养的原因。这意味着能够一起生活的两个人通常是那些能够共同承受和容纳彼此内心的失望和痛苦,并通过沟通、面对问题来滋养、疗愈彼此和弥补裂痕的人。而两个内心分裂都很严重的人想要在一起生活会艰难得多,因为他们内心对"坏妈妈"的体验通过相互投射性认同之后,带给彼此的失望和痛苦感受可能是他们二人无法承受和容纳的。

---

[1] 投射性认同的概念由精神分析家克莱茵提出。使用投射性认同防御机制的人会把内心早年与重要抚养人互动的模式投射出去,进而在与别人互动的过程中在潜意识里操控别人,让别人以他潜意识里设定的方式来对待他。之后,如果别人真的以他潜意识里设定的方式对待他,就帮他完成了一个投射性认同的过程。比如,有的人会投射敌意出去,如果别人认同了这种投射,开始对他们有敌意,就帮助他们完成了一次把敌意投射出去再认同回来的过程。

回到我爱人当时的做法上，在我们争吵之后，我因为失望和痛苦而生气不再理她时，可能就是把她体验为"坏妈妈"，但她当时没有认同我投射出去的"坏妈妈"，没有报复我，而是容纳我的不满情绪，依然向我表达关心。这种做法不仅让我很快从把她体验为"坏妈妈"的痛苦情绪里走出来，关系得到修复，还可能会帮助我整合内心的分裂。

事实上也的确如此，在我们二十多年的相处中，她时常对我的投射采取这样的不认同态度，当我生气不想理她时，她会给我空间，有时让我一个人平静，她继续做她的事，有时会过来安慰我，甚至抱抱我，我的情绪慢慢就平息了。这样的事情，我记不清发生过多少次，在这个过程中，我们关系中的裂痕被一次次修复，我内心的整合也在关系的修复中发生。这种做法所带来的效果就是，现在我们之间一旦出现不愉快，当我痛苦的时候，这些痛苦通常并不会太强烈，也不会维持太长时间就自动消退了。

当然，不只是她会这样来容纳我，当她有情绪时，我通常也会做出类似反应，让她安静一会儿，继续对她态度良好，她通常也会很快从情绪中走出来。我能感觉到，她内在的整合也在发生。

我们都可以觉察到，随着相处时间的增加，我们两人生气的频率在减少。即使生气，两人也不像以往那般充满愤怒，或者心里怀有恨意，而只是当下有些情绪和不满而已，用她的话来说就是"都恨不起来了"。很明显，在一次次的修复之后，我们都更好地整合了内心。即使在恨意出现的时候，我们的心中依然有爱，就好像在把对方体验为"坏妈妈"的时候，还能意识到对方也是"好妈妈"。

总之，这样的方法在双方还有感情的前提下使用起来会有非常好的效果，操作上也极其简单。**无论对方的情绪是怎样的，你只管当作什么事情都没有发生一样继续爱对方就是了，默认对方对你还有感情，只是暂时被不好的感受占据心头。**平时做好吃的，现在依然做好吃的；平时给对方买礼物，现在依然买礼物；平时出门跟他打招呼，现在依然打招呼。慢慢地，对方的情绪就会平复。

但这样的做法有一个重要前提，就是你并没有做什么比较过分的事情动摇感情基础，只是对方把你体验为"坏妈妈"。也就是说，在现实层面你并没有伤害对方，只是因为疏忽、理解不到位、观点不同、维护自身边界、拒绝等原因，让对方感到失望或者触碰到对方内心的痛苦。如果你真的做了一些伤害对方的事情，比如言语上的贬低、情感上的背叛等，那么仅靠上述方法可能难以修复裂痕。你需要真诚地道歉，还要让对方看到这些事情再也不会有发生的可能，也就是需要有真正的改变和成长，并容纳对方可能需要较长一段时间释放愤怒，关系才有修复的可能。如果这些伤害的行为反复发生，关系极有可能会彻底无法修复，因为对方可能无法对你再建立信任和信心。

更重要的是，要成功做到这一点，你需要有足够的内心力量去容纳对方的负面情绪。特别是在出现重大裂痕时，对方的脸色可能是难看的，态度可能是冷漠的，说话可能是难听的，做事可能是决绝的。修复关系的一方，在担心未来的生活、对孩子的影响，甚至可能唤醒内心对分离的恐惧，以及对自恋还可能有一定的打击等情况下，仍然可以做到容纳对方的攻击，就像之前的事情没有发生一样，这需要内心有足够的力量。

在这种情况下，如果内心没有足够的力量，很容易就会认同对方，也就是对方觉得你是"坏妈妈"，你就真的坏给对方看了。这样就可能导致以牙还牙的报复行为：对方说话难听，你说得比对方还难听；对方脸色难看，你脸色比对方还难看。这样，你就真的成了对方心中的"坏妈妈"。

有的人此时可能并不会攻击对方，但会陷入更大的痛苦和自我攻击当中，比如非常悲伤、无力和自责，总之，失去了可以容纳对方情绪的力量。抛开专业理论，通俗来说，当对方心灰意冷时，如果你想要修复裂痕，就需要内心有足够的温度，与对方互动的过程就像是用你的心把对方的心捂热。这需要你的热量足够多和持久，否则在内心能量融合和流动的过程中很可能是对方把你的心给冰凉了。

所以，这里有一个关键的问题，就是当别人攻击我们时，不同的人内心感受差别很大，有的人极度痛苦，有的人可以轻松容纳。我们可以想象，内心极度痛苦的人无法做到容纳，很容易去报复对方。只有内心不痛苦，或者虽然痛苦，但程度并不强烈的人，才能做到容纳对方的攻击。

在这种情况下，内心很痛苦而做不到容纳的人如果还想要修复裂痕，就需要寻求专业的帮助，看看到底内心为什么会这么痛苦，然后慢慢增强自己的承受能力。这样的成长不仅提高了修复当前关系的可能性，还能避免未来因内心痛苦而影响生活。退一步来说，即便眼前的关系无法修复，以后再建立新的关系时也容易经营好。

第十五章
原则四：用认可而非否定

很多人都希望自己在爱人心中是最好的存在，没有人喜欢被批评和否定。自体脆弱的人更是渴望能够在亲密关系里经常被对方肯定、欣赏、认可，甚至赞美，可谓多多益善。

具体到相爱的起始时刻，人们通常是因为体验到自己在对方心里是足够好的，才会动心。所以"情人眼里出西施"这句话，也可以说成"只有我在你眼里是西施般的存在，你才能成为我的情人"。当然，也有人会对不喜欢自己的人感兴趣，但他们其实并不是真的喜欢这样的人，更谈不上爱。他们往往是希望通过自己的努力改变这个不喜欢自己的人，最终让这个不喜欢自己的人喜欢上自己，即"我无法接受你觉得我不好，我要证明给你看看我有多好，让你爱上我"。[1]

但在实际生活中，不少人常常会贬低、批评、否定自己的爱人，这会使得很多人渴望被认可、肯定、欣赏和赞美的需要在关系里得不到满足，儿时被批评、指责和否定的创伤体验却常被唤醒。那些没有得到滋养的人内心深处往往一直渴望有人可以满足自己的这些需要。在这种情况下，如果他们在外面遇到会满足他们内心需要的异性，从对方那里得到了内心渴望的滋养，就很容易渴望与这样的人发展更亲密的关系。这也正是很多自身条件较好，但又喜欢批评、指责和否定自己爱人的人，在关系中出现大的裂痕后感到困惑的地方。他们觉得自己长相出众、事业成功、收入比对方高，对方很多方面都不如自己，应该很珍惜自己才对，可偏偏他们的爱人会主动提出分开，甚至容易爱上不如他们条件好、没有他们优秀的人。

这意味着，要经营好爱情，我们都需要有能力看到对方的好，甚至能看到他人无法看到的优点。只有这样，我们才能跟对方建立更好的连接，发展更深厚的感情。遗憾的是，很多人在亲密关系里给不了对方这样的滋养，反而在重复彼此儿时的

---

[1] 这是很多为恋父情结或恋母情结所困的人情路坎坷的心理原因之一。他们因为儿时渴望异性父母的爱而得不到满足，内心留下了缺憾，就一直想在未来的人生中通过征服那些不爱自己的异性来证明自己的魅力。但即便他们成年后征服了许多异性，也无法彻底弥补曾经的缺憾，因为这些被征服的人只是像原来的那个人而已，并不真的是原来的那个人。所以，通常在情感关系中，当对方真正开始欣赏他们，也就是他们征服对方的那一刻，他们就对对方失去了兴趣。

创伤。前面我们也已经分析过，这本身就是很多人的关系出现裂痕的原因。

想要修复裂痕，就一定要避免再去触碰对方内心这部分的创伤，并给予对方这方面的滋养。只有当对方内心的缺失得到滋养，并且对以后可以持续得到滋养建立起新的希望时，裂痕才容易得到修复。具体来讲，就是不再使用批评、否定和指责的方式与对方互动，而是多去关注对方的闪光点、做得好的地方，多去认可、欣赏、肯定，甚至赞美对方。比如：有的人可能挣钱的能力不突出，但非常顾家，会照顾老人和孩子；有的人不爱学习、动脑子，但动手能力很强，总是能把家里收拾得井井有条；有的人社交能力不强，但可以耐得住寂寞，擅于思考和钻研。

可能有人会说，万一对方没有什么值得认可、欣赏和肯定的特点呢？这一点在逻辑上就不成立，因为如果对方真的一无是处，你为什么还要修复裂痕呢？你想要修复裂痕，往往是因为对方在家庭中能够给予你满足感或让你有被滋养的体验。如果你过往从未有过这些体验，内心就不可能沉淀出感情，也就难以与对方建立起深刻的连接。

也有人会说，修复关系是为了孩子，那么如果对方很爱孩子，或者孩子跟他生活在一起可以得到关爱和滋养，这是否也是认可对方的理由之一呢？因此，一个人在欣赏、认可、肯定和赞美他人时遇到的最大障碍之一，很可能是自身存在的全能自恋问题，自体过于脆弱。如果一个人对自己和他人的要求非常高，高到只有完美无缺才合格，那么他可能会觉得大多数人的表现都很糟糕，反观自己，则是有时觉得完美至极，有时觉得糟糕至极。

这是有完美综合征（自恋的一种）的人的特点，这样的人会觉得只有达到完美才配活着，也只有完美的生活才值得过。这就使得他们很难看到对方在关系里已经提供的价值，但实际上他们又离不开对方，处于一种拧巴的状态。

不过，有完美综合征的人并非天生就是如此。他们通常都有极其自恋的养育者，从小对他们极为挑剔，出现一点小的失误，甚至连失误都不能算的事情，都会把他们贬得一无是处，甚至在眼神、表情中时常流露出对他们的鄙夷。时间久了，为适应这样的生存环境，他们会将这些批评、指责和贬低的声音内化，形成一种对自身近乎苛刻的完美要求，认为只有达到完美才配活着。

我们知道，这是心理的创伤与缺失代际传递的结果，若未加以觉察、成长和疗愈，很容易继续通过代际传递影响下一代人建立和维系幸福的亲密关系。具体到当前，即便决定放弃眼下这段联系，再进入一段新的关系，这些特点依然会导致裂痕出现。

如果意识到自身存在这类问题，不管是否想要修复当前关系中的裂痕，都需要去疗愈和消除这些创伤与缺失对自己的影响，这样才能真正地与他人建立平等、深入的关系。

第十六章
原则五：用连接而非攻击

通常来说，除了前文介绍的几种方法以外，修复裂痕的整体思路主要是理解关系里发生了什么，是什么让对方感到失望或痛苦，然后表达对这些感受的理解并做出调适，重新建立心与心的连接，进而修复裂痕。但对有些人而言这很困难，因为做到这些需要理解彼此的感受，他们可能既不了解自己的感受，也不知道对方的感受是什么，更没有办法理解对方的想法。

我在授课和咨询中遇到过很多人，当我问他们的感受时，他们说出来的往往都是自己的看法，比如"我觉得他不应该这么冷漠"。"冷漠"是他们对对方的评价，但他们认识不到这一点，以为这就是自己的感受。实际上，面对冷漠，他们可能心寒、委屈、无力、愤怒，这些才是感受。

很多人想修复裂痕，但因为缺少与自己以及对方的感受连接的能力，所以在具体的做法上却是在攻击、指责对方，结果常常是把对方推得更远。比如，有人会跟对方说："我冲你发脾气是我的不对，不过那不也是因为你先说我的吗？"从沟通的角度来看，这样是在讲对错，并且表达的是对方有错在先，不是心与心交流式的述情与共情，所以也达不到连接对方内心的效果，更不是去弥补对方的缺失，反而很可能无意中触碰到对方内心的创伤。

生活中我们会说这样的人太理性，但在我们身边，这样的人并不少见。他们需要做的是跟自己的内心连接，并学习、转变沟通的方式，让自己从习惯性地讲对错，变成谈感受，也就是学会述情、共情。

自体过于脆弱的人喜欢通过攻击、指责别人，把错误的原因归咎于对方，以此保持自己的完美感，但这样就无法连接对方的心。关键的问题在于，一个人一旦觉得两人之间的问题完全是对方的过错，自己是纯粹的受害者，在修复裂痕的时候，就会陷入完全无计可施的状态，使修复变得几乎不可能。比如，你一边对对方说"都是你自私，我才这么痛苦"，一边说"我爱你，我希望继续跟你生活"。这怎么看都存在逻辑问题，又怎么可能连接对方的心。

但是，一个人如果能意识到自己在亲密关系里的失望和痛苦与自己内心的缺失和创伤有关，对方的失望和痛苦与对方内心的缺失和创伤也有关，两人之间的裂痕同时与两者有关，修复时就有了切入的角度。这样就可以通过表达双方失望的产生和痛苦被唤醒的过程，促进彼此之间的理解。**而人与人之间，一旦感受到被理解，心就会产生连接，裂痕也会随之缩小，甚至消失。**

能够意识到彼此当下的行为、想法和感受与双方儿时的创伤和缺失之间的联系，是一种深度共情的表现。而是否有深度共情自己和他人内心感受的能力，取决于我们是否有内省的能力和心理学知识的储备，也将直接影响我们的修复动作是否确实有效。

为了方便理解，下面我把人们修复裂痕时继续攻击对方和通过深度共情连接对方内心的两种不同做法进行对比，你可以感受有什么不同。

假设一对夫妻前一天因为一方加班回家后没有饭吃而发生争吵，进而关系出现了裂痕。如果你是加班后回家没有饭吃而感到失望与痛苦的一方，修复裂痕时若选择继续攻击对方，就可能会说："昨天我累了一天，下班后又冷又饿，你在家却想不到给我准备点吃的，一点也不关心我，说你两句还生气，你不觉得自己太自私、太小气了吗？"

我们可以体会到，这种说法就是将所有问题都归咎于对方，好像自己的痛苦完全是由对方造成的，与自己一点关系也没有。这很容易让对方感到更加生气或委屈。

而如果选择通过深度共情连接对方的内心，修复的时候就可以这样表达："可能对你来说，又冷又饿回家没饭吃不是什么大问题，但我儿时有过类似的经历。昨天累了一天，下班到家后看到没有饭吃，我内心那种儿时的难过之情顿时就浮现出来，然后有些生气，没有控制好情绪，就冲你发火了。"

这样的表达，因为有对自己的深度共情，就可以促进对方对你也产生深度共情，增进理解和接纳。同时去除掉一些加到对方身上的责任，可能带给对方的感觉是，如果他以后发生改变，并不是因为以往的过错在他或者他就应该照顾你，而是基于对你的关爱和疼惜。

同样，如果换成修复裂痕的人是对方，继续攻击的做法就可能是在双方争吵之后说："我又不是你的保姆，我回来得早，就应该给你做饭啊？"

而如果选择通过深度共情连接爱人的内心，就可以这样说："昨天你加班回家那么晚，又累又饿，却没有及时吃到饭，我理解你心里感到委屈。更重要的是，这可能会让你体验到类似儿时放学回家后没有饭吃的感受，心里可能会更难过。"

这种做法不但共情了对方当下的感受，还共情了对方过往人生经历中的整体感受。有时候，对方对自己可能都没有这么深的共情。在这种情况下，这种做法就可能带给对方一种被深深看见的感觉，甚至令对方感动。不过，想要做到这一点，不仅需要具备深度共情他人的能力，也需要彼此有较深的了解。这通常建立在双方之前有过深入沟通并且对对方过往的人生经历有深入了解的基础上。

此时，我们会发现，**在亲密关系中认识到人们当下的行为、感受与过往的创伤和缺失之间的关系至关重要**。这种认识影响我们对彼此的理解和共情，也影响我们看问题的角度。

正如上面所举的反例，很多人在亲密关系中感到心里不舒服时，会习惯性地通过批评、指责和发火等方式攻击对方。在修复裂痕这个关键节点上，这种行为就像是明明想要和对方拥抱，却拿着长矛或短剑继续捅对方一样。

对有些人而言，被攻击有时好像也会有效果，他们会反思自己做的是否真的不够好，然后调整自己。这常常发生在两种人身上，一种是内心非常强大的人，而且也擅于反思自己，但这样的人很少。即便是这样的人，在他们感到痛苦时，理解也比攻击更能跟他们的内心连接上。另一种是自体很脆弱的人，但他们在乎的往往并不是对方的感受，而是自己是不是一个做得足够好的人。攻击可能会让他们的自恋受损，他们会因此去反思自己哪里做得不够好，然后开始调整自己。但这也不是和他们的感受连接，更不是裂痕被修复，而是他们为避免自己体验到羞耻感和屈辱感等，也就是意识到自己不完美所带来的痛苦感受，暂时压抑了真实感受。这样的调整带来的效果通常不稳定，反而可能会加重这个人的自我否定，当他们忍无可忍时，就可能会爆发出来，彼时关系中产生的裂痕会更大。

也有很多人，你能感觉到他们是以一种高傲的姿态在修复裂痕，此时对方体验到的是被攻击，而不是被连接。例如，以下这些话语都能让人感觉到说话者有一种高人一等的姿态："你不要给脸不要脸！""你到底还想不想过？""你说你到底想怎么样？"

好的亲密关系同其他任何好的人际关系一样，一定都要建立在平等、尊重的基础上，任何不平等、不尊重的关系都难以长久。上面例子里的话甚至会让对方有被厌恶的感觉，裂痕又怎么可能会真正得以修复呢？不过，细究他们会这样做的原因，答案常常还是跟自恋有关系。如果一个人觉得安慰对方、哄哄对方是放低自己，认为容纳对方的攻击是窝囊的表现，进而会体验到羞耻感甚至是屈辱感，那么他肯定不会这样去做。

安慰和容纳本质上都是跟对方的感受在一起，并没有放低自己的意思。但有些人会感到把自己放低了，这实际上是因为他们太害怕自己比别人低一等。具体的原因通常是成长过程中自恋经常受损，导致自体太脆弱，长大后在亲密关系里就容易出现一边需要对方，一边又表现得高高在上的现象。还有一种可能是，他们觉得只有让自己处于优势地位，让对方来求自己，才能感到关系是安全的。这实际上反映了他们内心的不安全感。

关系的稳定不是靠高傲维系的，也不是靠比对方有优势地位，真正能让关系长久的是对方跟你在一起时感到生活幸福、被爱、被滋养，与当初谁先追的谁，或者谁发起的修复行为没有太大关系。

还有的人在对方想要分开时会乞求对方，看起来是把自己的姿态放得很低，希望对方可怜、心疼自己，实则是一种隐形的攻击，也带有控制的色彩。内心的逻辑是：我都这么痛苦了，你还不能可怜我、心疼我吗？意思是对方如果不同意和好，就是一个冷漠、无情的人。这种做法实际上是把自己放在一个弱小无助的位置，而将对方放在一个强大但冷漠无情的位置。

整体上来讲，攻击的原因是内心有无力、恐惧和羞耻等痛苦感受，攻击对方可以让自己远离这些感受。如果攻击有效果，无力和痛苦的感受往往就会转移给对方。这样的人寄希望于通过这样的方式控制对方，让对方回归，结果常常是让对方更想远离。

连接则完全不一样，它是既面对自己内心的感受，也体会对方的感受，然后通过述情和共情，用自己的心去连接对方的心，以期重新和对方建立情感连接。这是修复裂痕应有的态度，也是容易有效果的做法。后文将介绍的修复裂痕的步骤，就是连接对方内心的具体方法。

第四部分

修复重大裂痕，
先要修复情绪

相爱并建立亲密关系是一件非常神奇的事情。两个原本也许并不相识的人，经由感情而结合，身体上有亲密的行为，心理上也通常会有一定程度的融合感。如果处于幸福的状态，人们内心的孤独与空虚感会有所下降，甚至完全消失，价值感、自尊、安全感等内心需要也会得到满足。人们可以在这种关系中体验到很多美好的感受，获得深深的滋养。

我在网络上曾经看到一位年轻的妻子满眼深情地对着自己的丈夫唱歌的视频。从她那陶醉的笑容中，隔着屏幕我都能感受到她内心的幸福与甜蜜。那是每个人成年之后，在爱情里拥有的独特体验。

即便在亲密关系中有时感觉不够幸福，只要一部分需求得到满足，我们仍会希望去经营、改善这段关系。但如果有一天，关系忽然出现了重大裂痕，比如一方想要离开或者爱上了别人，另一方内心的平静往往会被突然打破，甚至开始自我怀疑。

"是不是我不够好，所以他要离开我？""过往的美好，他一点也不留恋吗？""他以前对我的好难道不是真的吗？""分开的话，还能找到一个对我好的人吗？""那个人哪里比我好呢？"伴随着内心不断涌起的情绪，脑子里可能还有很多杂乱的声音，这不但让人痛苦，也常常让人一时难以理出头绪。

这个时候，一些人会在情绪的驱使下做很多事情，希望可以快速修复裂痕，结果发现自己越用力，对方跑得越远，出现越修复裂痕越大的现象。比如，有的人会跟对方闹，或找其他人给对方施压，逼迫对方回归，结果对方心里可能更加恐惧在一起生活，甚至心生怨恨。再比如，有的人明明心里想要修复裂痕，行为上却是指责或威胁对方"不要不知好歹，以后不要后悔"，而这可能会唤起对方内心的痛苦或激起对方的抗拒心理。

这些通常是在情绪支配下的做法，对裂痕的修复很不利，所以往往事与愿违。正如前文提到的，两个人决定在一起生活，目的是追求幸福。若要修复裂痕，还是要从这个角度进行思考和行动，以提升成功的可能性。

如果你的亲密关系出现重大裂痕，尽管你现在可能很愤怒、很害怕、很痛苦，但为了修复成功，最好还是先平复自己的情绪，这样才可能听清楚自己内心的声音并找到有效的修复方法。

人一旦有了强烈的情绪，往往会被情绪驱动着去思考、行动,成为被情绪支配的对象。这个时候,对问题的思考以及所做的决定也不一定是自己内心最终的答案。因此,**在情绪特别强烈的时刻,意识到我们需要的并不是马上做决定,而是能够理解自己为什么会有这么大的情绪,就显得尤为重要。**

作为成年人,我们应该都可以在离开一个人之后照样正常生活。当亲密关系出现重大裂痕时,我们可能会愤怒、悲伤,也可能会感到无力、挫败等,但不至于无法承受,也不应该让负面情绪持续的时间过久。**当情绪强烈到难以承受,不管是感到委屈、伤心、无力,还是愤怒、仇恨等,都可能并非完全由当下发生的事情引起,而是内心深处的创伤被触碰或缺失过于严重所致。**

有的人担心对方离开之后,未来自己一个人无法好好生活,实际上真的是这样吗?人的能力是通过锻炼培养出来的,出生的时候,我们除了会本能地哭和吸吮外,几乎没有任何技能。未来人生中拥有的各种能力,如写作、沟通、演讲和唱歌等,都是后天学习和锻炼出来的。

有依赖倾向的人可能内心认为自己还是个孩子,没有能力独自面对生活。如果他们在建立亲密关系时真的找了一个喜欢被依赖的人,很多事情都被对方代劳,他们可能就真的无法发展出独立能力。但他们具备发展出各种能力的潜力,也就是说,如果他们未来愿意努力,是可以照顾好自己的。

他们内心的恐惧可能源自儿时的感觉,也许是父母溺爱他们,既没有让他们得到必要的锻炼,又无意中传递出一种他们是无能的、照顾不好自己的信息;也许是在还没有完全独立时被扔下一个人生活或放到老人、亲戚家生活的结果；也许是过早承受无法承担的事情被严重挫败的结果。这些经历使他们的心理发展停滞在儿时。

如果他们愿意探索自己的情绪，当他们意识到自己的恐惧其实是不必要的，并因此有所成长之后，就能够重新思考这个问题："我真的照顾不好自己吗？"常见的情况是，经过一段时间的思考，他们决定自己去面对未来的人生，不管对方是否还愿意与他们一起生活。然后他们开始在内心规划未来，比如需要学习什么技能，交什么样的朋友，做什么样的工作。他们把这一切想清楚后，内心的恐惧也许会减少甚至完全消失。

在此之后，他们可以重新评估眼前的亲密关系，寻找修复的方法时也会相对轻松一些。在这种情况下，反而更容易修复裂痕。这也是亲密关系的奥妙所在。有人这样形容："爱情就像沙子，你抓得太紧，它会从指缝中溜走；你放轻松一些，反而更容易抓住。"前面我们描述的过程似乎颇能呼应这个说法。

这些年，我接待过很多亲密关系出现重大裂痕后前来咨询的来访者。在他们情绪特别强烈的时候，我通常都会跟他们一起探讨他们的情绪，帮助他们理解自己，面对情绪。有相当一部分人通过这样的方式更加清楚地认识到自己下一步需要做什么。比如，有些人意识到自己之前因为太恐惧分开以至于所采取的修复方法有问题后，开始采取新的方式跟对方互动。也有一些人在成长一段时间后内心变得强大，无论对方选择继续在一起还是分开，他们都能接受，这时对方的态度反而发生了转变，开始希望修复关系。还有一些人，当他们内心的恐惧和痛苦程度降低之后，意识到对方并不是合适的人，主动选择放弃。总之，他们都在探索自己内心的过程中有所收获，要么修复了裂痕，要么实现了自我成长。

需要说明的是，理解与面对自己的情绪并不等于一定要分离。只有有能力接受分离，修复重大裂痕的时候才能应对自如。否则，在巨大的恐惧、痛苦等情绪的影响下，很多想法可能会是片面甚至是极端的。在这种情况下所做的修复行为也不一定是合适的，甚至会适得其反。另外，未经探索和面对的恐惧、无力、羞耻等情绪可能会使人在一段并不会带来幸福的关系里纠缠，重复儿时的痛苦体验。下面，我就着重探讨人们在遇到重大裂痕时容易出现的情绪和想法。

第十七章
有分离的能力，更容易修复裂痕

在遇到关系出现重大裂痕，特别是对方想要分开的时候，很多人的做法常常是使用各种方法纠缠对方，想说服对方，跟对方吵，找人跟对方谈，求对方，甚至威胁对方。对照前面我们所说的，修复裂痕的关键是增强对方对未来一起生活可以幸福以及痛苦不会被再次触碰的希望感，所以不难理解，他们采用的这些方法通常很难有好的效果。

其实，有些时候对方如果原本对你就有感情，而你此时不再给对方带来新的失望和痛苦，给对方一些冷静思考的空间，即便还没有做太多修复裂痕的动作，裂痕自然就会得到修复。你需要做的只是给对方选择的自由而已。

通常来说，如果你在关系里付出很多，对方对你有可能是有爱有恨的，也就会对你既有好的感受，也有不好的感受。当对方想要离开时，如果你紧紧抓住不愿意放手，对方可能满脑子都是你的不好，心里想的自然也就是如何摆脱你。

当你有分离的能力并能接受分开时，对方就不需要再想怎么才能摆脱你这个问题。相反，他们可能会开始想象和体会失去你的感觉。在这种情况下，他过往从你这里得到的被满足、被滋养等体验就会起作用。一个人的时候，他可能会想起你过去带给他的种种好的体验。如果这部分体验足够多，他自然就会想要和好，也不需要你做什么。这样的方法也是很多人在关系出现裂痕时自然会采用的。好的关系本来就应该如此，彼此都是自由的，之所以还在一起，是因为彼此都可以从关系中感受到爱，感受到对方的付出和给自己带来的滋养与幸福。经营感情时，我们需要做的也永远是这个方向的事情，而不是去控制对方，不让对方离开自己。

很多人担心的可能是如果我放手了，对方真的走了怎么办。的确存在这种风险，但如果此时对方真的离开了，往往说明要么他觉得在关系里太失望和痛苦，要么他想要的太多，你无法满足。这是我在工作中经常遇到的情况，来访者想尽一切办法留住对方，对方却一直坚持要离开，当来访者经过一段时间从痛苦中走出来，终于可以接受分开时，对方反而不愿意分开了。其中起作用的就是他们在一起时来访者满足、滋养对方的那些部分，也就是感情基础。

所以，**修复裂痕的整体态度是尽量通过沟通来连接彼此、增进感情，但又给对方选择的自由。我们可以努力的空间只是在表达、沟通和自身成长上，而不是试图控制对方**。不过，正如前面我们所提到的，控制的背后是痛苦，当一个人紧紧抓住对方不想放手时，也往往说明自己内心是痛苦的。这个时候，我们要做的是向内去探索自己为什么会这么痛苦。

我们已经知道，亲密关系出现危机之后，如果我们的负面情绪过于强烈或者持续的时间过长，通常是内心的某些创伤与缺失在起作用。就像亲人去世后我们虽然都痛苦，但正常情况下作为一个成年人，经过一段时间后强烈的痛苦感会慢慢降低，会慢慢接受亲人已经离开的事实。如果长时间无法从巨大的悲伤中走出来，就有可能是抑郁了，而这也正是内心的创伤与缺失在起作用。

亲密关系的结束和亲人离世都是心理层面上的丧失，前者是失去对方的爱，后者是失去对方这个人本身，正常情况下前者带给人的痛苦比后者要小得多。接受丧失，度过哀伤期，这个过程是痛苦的，但这也是每个人在人生中需要面对的课题。

如果一个人在亲密关系可能要结束时过于痛苦或恐惧，甚至根本就无法接受分离，这通常表明在心理层面对方对他们而言并不是爱人，而是类似于"妈妈"，是一个照顾者、依赖对象或融合共生的对象。 也就是说，如果我们在任何亲密关系中都无法接受分开的可能性，那么这些强烈的情绪就不仅仅是当前的亲密关系出现重大裂痕所带来的。作为一个成年人，应该明白并且可以接受的是，谈恋爱就是可能会分手，结婚就是可能会离婚。这是每个人需要具备的"分离能力"，这种能力是一个人成熟的标志之一，代表着个体在成长过程中分离个体化[1]的完成。

---

1 婴儿出生后与妈妈是融合共生在一起的，需要依赖父母或原生家庭的照顾、养育才能生存、成长，未来需要慢慢和妈妈、原生家庭分离，成为独立的个体，这个过程在心理学上被称为分离个体化。

过于强烈的情绪往往会影响我们平时生活中各种关系的经营，成为我们获得幸福的障碍。这些情绪通常表现为过度依赖、控制，或既依赖又控制对方，让对方感到累、窒息等。很多时候，关系出现重大裂痕，往往跟这些情绪背后的心理特点有一些隐秘的关系。理解自己到底怎么了，是修复裂痕过程中的重中之重。

人的心理创伤有很多种，具体来说，影响到个体分离能力的通常是在三岁之前留下的，也就是在还无法和妈妈长时间分离的阶段所发生的创伤与缺失。为了帮助大家更好地理解自己，我将对此做一些介绍。

与很多动物相比，人类婴儿可以说都是早产儿，虽然离开了妈妈的子宫，却并没有独自生存的能力——依然需要依赖妈妈精心的喂养、照顾和关爱，才能正常地生存下来并健康成长。前面也已经讲过，孩子和妈妈最初的关系是一种融合共生的关系。在这种关系中，除了早期需要体验到自己的存在、确认自己是好的存在等，之后很长时期里的发展任务就是要慢慢学会与妈妈分离。

孩子在成长过程中，心理会一直发展，也会慢慢拥有独立的能力，从绝对依赖到相对依赖，再到独立，逐渐变得有力量、有安全感、自信、高自尊，可以离开妈妈独自探索和适应外在世界。这个过程有其自然的规律，妈妈必须在照顾孩子与让孩子和她分离之间找到一个较好的平衡点。

孩子与妈妈的分离是一个渐进的过程，伴随着的是孩子能力的发展。这是一个微妙的过程，需要妈妈对孩子的感受、对孩子是否有能力处理好一些事情有相对准确的判断。比如从孩子可以和妈妈分开多久而不感到痛苦，可以忍受多久不吃奶不会痛苦，慢慢到孩子可以自己走多远的路而不需要大人抱，可以独自待多久不会害怕。随着成长，孩子多大可以独自外出上学、社交、生存等，这些都需要养育者有相对准确的判断。

如果父母在孩子可以和妈妈分离的时候没有这样做，使孩子错过该去承受分离所带来的本也可以承受的痛苦体验，就会影响孩子的心理发展。我甚至听说过不少孩子直到高中还和父母睡在同一张床上，这不仅会影响孩子独立，也会影响孩子性心理的正常发展。如果孩子明明没有到可以分离的时候却提早与妈妈分离，被迫独自面对世界，这时体验到的痛苦和恐惧过于强烈，超出孩子可以承受的程度，也会创伤孩子的心理。这个时期的孩子内心依然弱小无助，他们还离不开妈妈，过早的分离会让他们感到害怕、痛苦；同时孩子的归因方式往往是把责任归到自己身上，他们会觉得一定是因为自己不够好，妈妈才抛弃了他。这既会导致他们以后对分离产生恐惧，也容易让他们自卑。

这是我在工作中遇到的比较多的情况，**过早地与父母分离使很多人内心实际体验到的是被父母抛弃**。比如，有的来访者一岁左右就被送到托儿所住宿，有的两岁时被送到老家由老人抚养。他们长大后在感情中存在分离上的困难。一旦分手，他们就会进入一种痛苦的状态，甚至出现抑郁症状。严重的甚至会不敢恋爱，因为在他们看来，不建立亲密关系，就不会再次被抛弃。

有些妈妈在和孩子分离的时候，因为担心孩子哭闹，所以采取欺骗的方式。比如，告诉孩子某个地方有好玩的，然后让人带孩子去玩，或在孩子睡着的时候偷偷离开。这些都会影响孩子在亲密关系中对他人的信任程度，心里总是没有安全感。

　　与分离能力关联的是独处能力，也可以说，只有孩子成长到可以独处的时候，才能接受和妈妈的分离，而拥有独处能力的前提是有一个爱自己的妈妈[1]住在心里。这需要孩子在此之前感觉到妈妈是一直在自己可以触及的地方的，在内心确认自己有需要时是可以及时得到妈妈的回应的，以及能够感受到妈妈是深深爱着自己的。这个时候，心理发展的重要成就之一便显现出来，由于妈妈早期的陪伴、照顾和关爱的质量很高，这种母爱被孩子内化到内心，就像妈妈住进孩子的心里一样。

　　这就形成了妈妈在孩子心里的恒常性，这包含两个层面的意义：第一个层面是孩子知道即便看不到妈妈，妈妈也是存在的；第二个层面建立在第一个层面的基础上，即孩子不但知道妈妈不在的时候是存在的，还知道即便妈妈不在他身边也是爱他的。这样一来，孩子往往就能发展出独处能力和分离能力。这样的孩子即使是一个人待着，在他的感觉中，他也并不是一个人，而是有个爱自己的妈妈在内心陪伴着他。而没有一个爱自己的妈妈住进内心的孩子，独自一人时，就真的是孤零零一个人。他们缺少独

---

[1] 在一些家庭里，婴儿主要的养育者也许不是妈妈，而是爸爸或其他人。但这些人其实都会被婴儿体验为一个妈妈般的养育者，所以心理学上通常会把这些养育者也归到"妈妈"的范畴。在这样的概念里，"妈妈"已经不完全等于婴儿生理上的母亲，而是指一个主要的养育者。

处能力，自然无法接受分离，因为一旦分离，要么他们不知道妈妈是否还存在，要么他们不确定妈妈是否还爱自己。

出于以上所说的原因，存在分离困难的人进入亲密关系后往往无法接受正常的分离，也可以说，他们的伴侣实际上被他们在内心体验为妈妈。不过，创伤与缺失的程度不同会导致即便有分离方面的问题，面临分离可能时的痛苦和恐惧程度也会有差异。比如：有的必须一天到晚保持联系，严重的甚至要时时刻刻发消息或打电话确认对方存在或还爱着自己；有的必须经常见面，因为不见到人，仅仅是远程的互动，哪怕是视频聊天，他们也无法确定对方是真实存在的或他们之间的连接是稳定的；有的人在对方提出分手的时候，会出现惊恐发作一样的反应，心跳加速、身体僵硬、后背出汗，我们可以想象他们内心的恐惧感该有多么强烈。

总之，只要人在还未完成分离个体化的阶段心理被创伤或存在大的缺失，心理发展就可能会一定程度地停滞在那个阶段，长大后就会有不同程度的分离上的困难。

全能自恋的人因为在还没有意识到外界有个人在养育自己时被创伤，他们在对方想要离开时体验到的不是分离，而是挫败感。对方主动提分手、离婚会被他们认为是自己的失败，这可能让他们无法接受，于是想牢牢抓住对方。

因为所有的心理问题都有程度上的不同，所以全能自恋和分离困难也会在一个人身上同时存在，结果就可能是，这个人既有分离上的恐惧，又有强烈的挫败感。所有因为类似以上所述原因导致的内心过于痛苦，进而恐惧分离的人，都可能使用控制的方式修复关系，容易陷入一个越修复裂痕越大的循环。

想要成功修复，只有面对心中的恐惧，不被恐惧完全驱使，才能做出更多有利于关系的行为。另外，当心中不再恐惧时，修复的必要性也在降低，即使没有修复成功，自己也不会太痛苦，更容易走出来，去创造新的生活。也就是说，不管修复成功与否，不再恐惧分离都是拥有幸福的亲密关系的前提。**对于面对亲密关系出现裂痕时心中充满恐惧的人而言，去探索和面对这些恐惧是比修复裂痕更重要的事情。**

第十八章
一个常见的错觉：再也没有人爱我了

当亲密关系出现重大裂痕时，不少人心里会出现一个奇怪的感觉，即觉得离开对方后再也找不到对自己这么好的人了，好像全世界只有这个人对自己最好。虽然这种感觉并不具有现实性，但在当时很多人会以为这就是现实。

如果只是出于担心，这种感觉还好理解一些，毕竟从现实的角度来看，年龄和社交圈等因素确实会影响人们在分手后找到新伴侣的难易程度。特别是随着年龄的增长，找到合适的人可能会比年轻时更具挑战性。但对他们而言，这种感觉并非仅仅源于年龄、社交圈等现实因素，他们深信不会再有第二个人像对方一样对自己那么好。

真的是这样吗？我们来看看亲密关系里对方对你好是由什么决定的就知道答案了。

在亲密关系里，一个人会不会对你好通常由两个因素决定。第一个因素，从长期来看，主要是对方是否有爱的能力。如果他没有爱的能力，那么恋爱初期对你的关心、照顾和理解等可能都只是求偶策略，是为了跟你在一起刻意展现的。一旦关系稳定，这些行为慢慢就不会再出现，因为和你在一起的目的已经达到。但如果他有爱的能力，时间久了也还是会对你好，因为他就是那样的人，会在意他人的感受、尊重他人的边界、接纳他人的不完美。

爱的能力，本质上是一个人是否具有把他人看作一个和自己一样独立完整的人去对待的能力。这样的人如果伤害了他人，会感到内疚。因此，他们一般不会伤害他人，做什么事情也会考虑别人的感受。

那些没有爱的能力的人往往意识不到别人和他们一样是独立完整的人，他们通常只是把他人当成自身的一部分，就像他们自己的手和脚，或是他们实现目的的工具，物化别人是他们最主要的特点。他们不太会在乎别人的感受，伤害了别人也往往不会内疚。他们觉得自己的感受最重要，别人的不重要，甚至不认为别人的感受是需要去在乎的。所以，单从找伴侣的角度看，找一个有爱的能力的人也应该是最重要的事情。如果分开之后，你可以再找到一个有爱的能力的人，就有很大可能在关系中被爱。

第二个因素，是我们是否有值得对方爱的地方。这是每一个进入亲密关系里的人都需要想明白的问题，世上有那么多人，对方为什么要爱你呢？相貌好看、富有、有才华等往往是最初吸引人的因素，但在一起被滋养等情感因素往往才是维持长久幸福的关键。原因在于，对相貌、财富和才华等外在条件的需要一旦被满足，人们对它们的感觉会逐渐淡化。而与伴侣在一起时的感受是否良好，是否感受到被爱、被滋养，才是长久的心理需要。

有心理学家把人们对这些心理需要的渴望形容为氧气对人的意义，氧气是我们都离不开的，我们永远需要它。所以，被爱、被滋养是我们永远的需求，而能提供这些的正是爱的能力。

无论自身多么相貌姣好、多么富有、多么有才华，我们值得对方长久爱恋的原因，最终一定是对方感到被爱、被滋养。也就是说，对方感受到被当作一个完整的人来对待，而非工具或其他物品。任何人想要在亲密关系里被爱，都必须具备爱的能力，这是基础。如果你有爱的能力，与你相爱的人也有爱的能力，你们就可以在亲密关系里得到爱，在一起就有很大概率会幸福。

为什么会有那么多人觉得再也找不到像对方一样对自己那么好的人了呢，就好像对方是绝对唯一的存在一样？这个问题的答案可以在潜意识层面找到。通常来讲，在这个世界上，对我们最好的人不是爱人，而是母亲。虽然我们都期待爱人的爱是无条件的，但大概率没有谁的爱人可以完全做到，因为人们在亲密关系里对对方都有期待。这也是成人之间建立关系的基本规则，关爱、依赖和照顾都是相互的，所以亲密关系里不太会有纯粹无条件的爱，我们所能做到的无非是尽量让自己给对方的爱少一些条件。

而母亲的爱本身应该是无条件的。对我们每个人而言，母亲关爱我们，这个条件先天就已经具备，因为我们是她的孩子，所以我们无须再做些什么来交换。不过，遗憾的是，很多母亲给孩子的爱也都是有条件的。比如，孩子只有学习好、听话，才能得到母亲的爱，这是他们的母亲爱的能力不足的体现。

还有很多其他原因，比如意外、疾病和自然灾害等，导致我们中的很多人没有得到足够的母爱。于是，这种对母爱的渴望可能会一直隐藏在内心深处。在这种情况下，这些人成年后找伴侣时，往往会爱上那些感觉像"母亲"一般的人。无论是男性还是女性，确实有些人天生具有母性特质，比如善于照顾人，或者刚开始交往时会表现得很会照顾人。但这样的人不是唯一的，不可能世界上只有一个。事实上，对于我们每个人而言，唯一的那个人恰恰是母亲，失去了再也不可能找到第二个。

如果我们在亲密关系里觉得离开对方以后再也找不到一个像对方一样爱我们的人，最大的可能是我们把内心对原始母爱的渴望投射到对方身上了。在潜意识里，我们已经把对方当成心理上的母亲，自然会认为失去对方就再也找不到第二个。事实上，这就是分离困难的表现，因为所有存在分离困难的人在潜意识里都把亲密关系中的另一方当作母亲，然后就像孩子离不开母亲一样离不开对方。

至于为什么会是母亲，而不是父亲或其他人，原因在于孩子是由母亲孕育的，所以最早与孩子共生的人是母亲。孩子能够和父亲建立关系，往往是在具备与母亲分离的能力之后。还没有与母亲从共生状态中分离的人，与父亲建立关系时，也往往是把父亲当成母亲，即依赖和共生的对象。当然，父亲的存在也会促进孩子与母亲从共生状态中分离。

当从与母亲共生的状态中分离之后，男孩与父亲的关系是认同与竞争,而女孩与父亲的关系是爱恋。女孩会在潜意识中与母亲竞争父亲的爱,这一般不会导致分离上的困难,但可能导致对惩罚的恐惧、性与爱的分裂等心理问题。

可以说,**我们中的很多人在寻找爱人的时候,某种程度上寻找的都是心理层面的母亲**。在一段关系中,如果两个人都抱着找妈妈的期待结合在一起,结果可想而知,自然是都想让对方做妈妈,自己做孩子。结果往往是对对方失望,甚至对爱情失望。遗憾的是,这种情况很多。归根结底,深层次的原因是我们很多人内心深处存在着没有长大的部分。一个人内心孩子般的部分越多,就越可能想找一个能在心理上扮演母亲角色的伴侣。

一个人能不能幸福跟自己具有的爱的能力关系最大,如果自己缺少爱的能力,那么无论与谁在一起,都可能难以幸福。最关键的是,如果自己缺少爱的能力,就很容易找到同样没有爱的能力的人,因为有爱的能力的人,尊重别人也尊重自己,爱别人也爱自己,并且擅长识别具有爱的能力的人,通常不会选择没有爱的能力的人。

缺少爱的能力的人之间形成的关系,通常类似于孩子和孩子的关系。我们可以试想一下,当一个人心理上是一个两岁的孩子,他自身可能具备一定的爱的能力,但相对有限,他就可能想找一个妈妈般的伴侣来照顾自己。那么,谁会在亲密关系里扮演妈妈的角色,并且会被一个两岁孩子一样的人所吸引呢?

答案可能是一个心理年龄也接近两岁孩子的人,这样的人会把自己心里对被妈妈照顾的渴望投射到对方身上,照顾对方就像在照顾自己内心的小孩。在本质上，他们其实是一样的，都是两岁的孩子。这也是在爱情里某个特定类型的人深深吸引我们的原因之一。

这样的结合的问题在于，一个人在关系里扮演妈妈的角色照顾对方往往并不是最终目的，而是希望借助照顾对方，换取对方也来照顾自己。但对方往往只想在关系里当一个孩子，而不愿意去照顾前者内心的孩子或者不愿意照顾那么多。这必然导致失望的发生。一些在婚姻里单向付出很多的人，最后之所以会成为一个怨气很重的人，就是因为觉得自己的付出没有得到回报。

另一个我们被吸引的重要原因是感觉到对方身上有自己没有的东西，这是在找自己的缺失部分。比如，缺失活力的人容易被有活力的人吸引，缺乏自律的人容易被自律性强的人吸引，缺少自信的人容易被自信的人吸引。

然而，矫枉过正，所有这些吸引往往都基于对补偿的过度渴望。也就是说，如果自己内心的缺失过多，吸引我们的人往往就是那些具有我们所缺失特质过多的人。就那些某种特质过于突出的人而言，这种特质往往不是心理成熟的自然结果，而是对创伤的防御或对缺失过度补偿的结果。比如，活力过多的人往往比较自我，他们通常遵循本能生活，无拘无束，像是没有长大的孩子；而自律过多的人则可能是超我过强的人，甚至可能有强迫症倾向，他们往往成长于过于严厉的家庭环境中，甚至父母可能有暴力倾向，其内心的本能、活力被压制，属于恐惧父母的孩子；自信过多的人通常是全能自恋倾向的人，那些自信往往只是自大而已，这更是一种类似婴儿的状态。

基于这样的原因结合在一起的两个人，之前相互吸引的点也常常是以后发生矛盾的地方。被对方的活力吸引的人，可能会觉得对方太自我；被对方的自律吸引的人，会觉得对方太无趣；被对方的自信吸引的人，会觉得对方太自恋。因此，爱情中的吸引，包括以后会遇到的矛盾、冲突，就像是轮回一般出现在很多人的生命里。也就是说，如果我们找到的伴侣总是不靠谱，那很有可能与自身内心的某些特点有关系。有人会自嘲"眼瞎了"才找到这样的人，但我们不妨继续自嘲："'眼瞎'的毛病治好了吗？没有好的话，怎么知道找到的下一个就会靠谱？"

反思自己的关系模式，疗愈创伤，成长自己无力和脆弱的部分，所谓的轮回就有机会被打破。

第十九章
害怕被对方拒绝怎么办？

前面我们探讨的主要是对分离的恐惧，在实际生活中，面对关系的破裂，还存在另一种恐惧，那就是对于主动修复裂痕时可能会被对方拒绝的恐惧。

想要修复裂痕，通常不只是要面对对方的指责、批评和攻击，也需要面对对方的拒绝。很多时候，对方的拒绝态度可能会表现得很强烈，比如不沟通、不见面、不联系，去跟对方沟通时，面对的往往是一张冰冷的脸。这是对方释放情绪的过程，用通俗的话来说，就是对方"出出气"的过程。其重要性不言而喻，可以说是成功修复裂痕必不可少的过程，有助于我们了解对方内心到底发生了什么，是后面表达理解并调整行为的前提。

不过，裂痕越大，对方的情绪也可能越大，攻击性就可能越强。对于有的人来说，在这种情况下修复裂痕可能也没什么关系，为了爱情，为了在一起，为了未来的生活，即使对方的态度很差，他们也会继续努力，温情以待。此后，对方冰冷的心可能就会慢慢变暖，脸色不会再那么难看，慢慢出现熟悉的笑容和亲切感，两人的关系逐渐得到修复。但对另外一些人来说，这个时候去面对对方那张冰冷的脸，他们感到非常困难，因为他们内心会涌现出无力、寒冷和委屈等痛苦感受。比如，有的人若真的被对方拒绝，马上会有一种掉进冰窟窿的感觉。

他们虽然可能依然对对方有感情，也很害怕失去对方，但往往不敢去做修复的动作。他们除了害怕失去对方，还害怕再次经历被拒绝的感觉，或者感到内心没有力量去继续修复关系。此时，想要修复关系的渴望与害怕被拒绝的恐惧交织在一起，他们像是被卡住了一样。

那么，他们是怎么了呢？答案是，他们在成长过程中内心有需要时很可能未被满足或被拒绝得太厉害。想买新衣服、新玩具时被拒绝，想带同学来家里玩或去同学家玩时被拒绝，想吃好吃的东西时被拒绝，等等。他们的内心深处累积了大量关于那时的无力、委屈和寒冷等感受。平时，他们会将这些感受隐藏起来，在意识层面，他们也可能觉得自己不值得被爱。

修复裂痕，是因为对爱人有需求。但爱人的拒绝会唤起他们儿时被拒绝时产生的痛苦感受，或者即便只是想象自己被拒绝的情景，也会唤起这种感受。对于有些人而言，他们感受到的也许不是明显的无力感，而是强烈的羞耻感。他们可能在成长过程中有需要时不仅被拒绝得太厉害，还遭受过嘲笑。因此，他们会觉得需要他人是羞耻的，但内心深处又因为成长过程中缺少支持和关爱而存在一定的弱小无力感。如果确实如此，他们在生活中可能就会表现得有些拧巴。比如，他们在个人发展上可能会经常制定高远的目标,但往往无法实际执行,并且严重拖延。在亲密关系里,他们也会一方面表现得很强势,另一方面又处处依赖对方,自然会存在分离上的困难。遇到关系出现重大裂痕时,他们往往会感到内心恐慌,但又对于主动修复有强烈的羞耻感。

也可以说,面对拒绝,特别是对方冰冷的回应,需要我们用温情去承接,但很多人缺乏这种承接拒绝所需的心理力量。就像一辆马力很小的汽车面对一个较大的坡度时,没有力量爬上去。

这涉及一个心力的概念,就像同是汽车但马力不同一样,同样是独立个体,每个人内心的力量感也大有不同。有些人的内心像是儿童玩具车,只能在平地上短距离行驶,遇到一点障碍就被困住。而有些人的内心则像是拥有巨大马力的全地形越野车,无论是荒漠戈壁,还是泥泞草滩,都能顺利通过。面对生活中的困难,他们几乎从不气馁,总是不断寻求解决方案。

人内心的力量感很大程度上源自童年时期父母对自己需求的及时满足。这种满足感赋予个体一种世界可以掌控、自身有力量的感觉,心理学上称之为"自我效能感"。与之对应的是无力、无助感,而这样的感觉源于有需要时得不到满足,频繁被挫败,失望太多。

有些人希望听到对方对他们说"我对你还有感情",才愿意去修复关系,这样他们就会感觉不是自己主动修复,而是对方在主动,是对方还需要他们,从而避免触碰内心的寒冷、无力和羞耻等痛苦感受。

还有人在面对重大裂痕时不敢去修复是害怕被对方拒绝之后，就彻底失去希望，这也是内心的恐惧在起作用，比如对被抛弃的恐惧。他们会陷入不修复会恐惧，修复也会恐惧的两难局面。在这种情况下，如果实在无法主动，可以先去探索内心的恐惧，等到恐惧的程度降低，自然就会更加清楚接下来要做什么。

主动修复关系可以采取很多方法，有时只是一个亲密的动作或一句关心的话，就能马上打破冰冷的氛围，但不是每个人都能做到这一点，因为他们内心的恐惧、羞耻、无力和寒冷等感受在阻碍他们。

对于那些想要修复裂痕，而又有恐惧、羞耻、无力和挫败等较强感受的人来说，如果可以承受，主动去修复关系，这本身也是面对这些感受的一种方式，不但可能成功修复裂痕，也会带来内心的成长和变化。当然，这个过程相当不易。不过，敢于主动修复关系并不等于控制对方，更不是缺少边界感，而是敢于表达自己的需求、敢于发出邀请，这和给对方选择的权力、尊重对方的个人意志并不冲突。

第二十章
不是只有值得和不值得这两个答案

生活中有一种困难,叫选择的困难。比如,逛商场时看上一款衣服,不知道选择哪个颜色好,结果可能是要么都不买了,要么所有的颜色全买下。更有甚者,即便是买一袋盐,也要反复比较,希望能做出最正确的决定。

存在这种选择困难的人,生活中的烦恼往往比别人多很多。原因在于,人在每一天都需要做出很多选择:出门时,是开车还是坐地铁;理发时,是办卡还是直接买单;感冒时,是自己扛一阵还是去医院……

在修复亲密关系中的重大裂痕这件事情上,也有不少人存在选择困难,那就是这样的一段关系到底是修复还是不修复?又或者还值不值得修复?当一件事情确定时,人们可以做好去面对的准备;当一件事情不确定时,不少人往往会不断衡量,到底怎么选择才更好,这常常让人苦恼。

我们面对一件事情犹豫不决时,往往是因为内心有不同的声音。人们在决定到底该遵循哪个声音时,内心会产生冲突。

例如，坐地铁不会堵车，但高峰时期可能会拥挤；自己开车可以避免拥挤，但又可能会堵车，还可能遇到停车困难的问题。于是问题就变成了：是选择忍受拥挤，还是选择面对堵车？当一件类似这样的事情让我们很犹豫时，往往说明两个选项里没有哪一个有明显的优势，不然不会那么难以抉择。存在选择困难的人，往往就是在这样的事情上希望能够做出最优的选择。实际上，在这种情况下，很多时候无论怎么选择，可能都不是最优的。

人们难以做出选择的核心原因之一是太想把一切事情都做得完美。那些很容易做出选择的人常常不是依据外界标准中的最优来做选择，而是依据自身的感觉。例如，觉得开车舒服就开车，觉得坐地铁舒服就坐地铁，如果两个都不够舒服，就快速选择一个，然后付诸行动。他们没有那么多犹豫的过程，因为他们不那么在乎自己的选项是不是完美，他们在乎的通常是自己是否感到舒服，做选择在他们那里是比较简单的。

另一个原因是，这往往与人们内心的力量感有关。有力量的人不会在意自己的选择是不是完美，即便不是，他们也觉得没什么大不了。就像汽车那样，马力小的车往往更在意路上是否有陡坡，而马力大的车则相对不在乎。我们都知道，有一些玩越野车的人会专门找一些难走的路、难爬的坡，以体验驾驶和征服的乐趣。

就亲密关系而言，内心有力量的人常常会觉得分开或在一起都可以，因为他们相信无论怎样，他们都可以过得很好。所以，如果对方想在一起，他们会珍惜；对方不想在一起，他们也不会勉强。他们不会有那么多的患得患失，而是会跟对方沟通，看对方是否真的觉得没有在一起的必要。

当一个人在修复关系这个问题上犹豫，说明其内心既有分开的动力，比如因为创伤被碰到而产生的痛苦，又有在一起的动力，比如有时候也挺幸福的，或者分开后还不知道是否能找到像对方这样的人，并且这些动力有时势均力敌。

如果其中一股动力占了优势，往往也就不会再犹豫。比如，一个人若是觉得在一起很痛苦，分开后自己肯定会比当下过得更好，同时没有孩子等其他方面的顾虑，大概率就不会犹豫。

这时候，也有人会希望别人告诉他们，这段感情到底是否还值得修复，他们找不到做出这个决定的判断标准。

如果要从这段关系有没有修复的价值的角度来看，我可以用一个例子来说明问题。我家里有一个非常普通的砚台，四方形的，上面没有图案、没有文字，它的造型也并不独特。可能对其他人而言，它就是一个廉价的、没有任何特点的砚台。但那是我的长辈们留下来的，是他们使用过的，可以说是为数不多的从家族里传承下来的物件。对于我来说，这个砚台具有独特的情感价值，但对其他人而言，它就没有这份价值。

一段关系也是一样，是否有价值从别人那里是得不到答案的，答案只能从我们每个人的内心得出。这又回到了原点，很多人的内心是矛盾的，这个问题看似无解，但实际上并非如此。首先要认识到的是，我们在看待这个问题时使用的思维方式是二分法，即只有值得修复和不值得修复两个选项，没有中间状态，这是导致无解的原因。实际上，这个问题的答案有中间状态，而且有很多。就像那块砚台，因为对我有独特的情感价值，如果有人要买它，我一般不会考虑出售。但如果有人出价很高，我可能也会心动。换句话说，这个砚台在我心里到底有多大的分量，其实还是可以用某种方式来衡量的。不过这种衡量方式既取决于砚台本身对我的价值，也取决于我当下的经济状况，所以这是一个随着我自身生活状况而变化的动态结果。

一段感情出现重大裂痕，如果让你用几十年的时间去修复，也许你会觉得不值得，但如果用几个月呢？答案可能就不一样了。因此，在考虑值不值得的时候，或许我们可以换个方式来思考，那就是我愿意投入多长的时间来修复这段感情，超出这个时间也许我就会觉得不值得了。这也是一个动态的衡量结果，无论今天做出什么决定，都不能保证我们永远觉得它是正确的。原因在于，未来充满变数，这是每一个存在于这个世界的人都需要去面对的问题。

我曾经问过多位来访者这个问题，得到的答案从几个月到几年不等，但他们通常都不再纠结值得不值得。也有人会不断地猜测对方是怎么想的，关系到底还有没有修复的可能。如果对方想和好，关系还有修复的可能，他们就去努力；如果对方不想和好，或者可能性很小，他们就会选择放弃。他们总是想搞明白对方的想法。其实对方的想法难道就只有想和好与不想和好两个答案吗？对方的内心是不是也可能会有中间状态呢？又或者对方也会去想同样的问题，也想知道他们的想法后再做决定。这样的话，就可能两人都在猜测对方，结果可能都会认为，如果对方还想在一起就会主动，对方不主动就是不想在一起，那自己也就不努力了。这样就很可能会一直没有人主动，直到其中一人放弃，这个过程才会结束。

如果不想陷入这个循环，其实是可以做出一些行动的，然后就可能会知道对方的大概想法。比如你主动与对方沟通，看对方的回应，就有机会知道他的想法。不过，对方当前如果还有情绪，受情绪的影响，也可能会拒绝沟通或者不想继续在一起。但等对方的情绪平复之后，心里可能会想起以前在一起的美好，这个时候再去沟通，结果可能就不一样。平静下来的想法通常是更加成熟的想法，也更稳定。因此，与其苦苦思索对方的想法，不如问自己还想在一起生活吗？如果想的话，愿意花多长时间来修复关系？

总之，关系出现大的裂痕之后，如果自己内心有强烈的担心、害怕、恐惧、痛苦或者犹豫、纠结等情绪，那就去探索、面对自己的内心。这样的做法会使你更容易知道自己到底该如何选择，假使决定修复裂痕，也更能够采取有利于弥合裂痕的方式。

第五部分

遵循三个步骤，
重新建立内心的连接

如果你要包扎身体上的伤口，一定是先找准伤口，之后清理、消毒，必要时再上一些药，最后实施包扎。这个过程有清晰的步骤，减少或颠倒步骤，都有可能对伤口愈合不利，甚至使伤口感染。

关系中的裂痕就像是两人之间的连接出现了伤口，如果按照合理的步骤进行修复，裂痕被弥合的可能性就会提升，否则，也可能会让裂痕变得更大。虽说很多人在过往的生活中都有成功修复裂痕的经历，过程中通常也没有想过要遵循什么步骤，但如果他们修复成功，往往自然而然暗合了一定的步骤。比如很多人在跟爱人发生矛盾之后，对方生气不理他们时，他们会这样说："好了，别生气了，是我的问题，我以后注意点！"

这是一句非常普通的话，人们在说这句话时并不会去想有什么步骤，但若去分析，就会发现其实是有步骤的。说这句话之前，是暗含对对方的理解的，知道对方在生气，也知道原因。说出"好了，别生气了"，是在共情对方的感受；说出"是我的问题，我以后注意点"，则是表明自己会做出改变，这是一个承诺。

人们在和伴侣一起生活的过程中经常会说出类似这样的修复性语言。一般来说，这种时候遇到的裂痕并不大，修复起来难度也不会太大，所以只是这样做，就可以让裂痕弥合。任何持久的亲密关系在维系的过程中，都会存在很多次这样的小裂痕被修复的情况。

但如果关系中出现大的裂痕，修复的难度就会很大，修复的过程需要慎重，常常需要仔细思考、规划，然后再去行动。也往往是在这时，因为内心的负面情绪很强烈，我们可能会完全乱了步骤。如果这件事情放在别人身上，我们在提供建议时可能思路非常清晰，但发生在自己身上时，就会做出不利于裂痕弥合的事情。在解决问题时，如果我们自己内心的恐惧、痛苦等情绪过于强烈，就会受到影响，因为过度唤起的情绪会使思维变窄，认知和思考能力受限，人的意识就像被限制在一个狭小的空间里，看不到这个空间以外的其他可能。

着急了就联系对方，被拒绝了就找其他人帮忙劝，或者开始时来硬的，效果不好再来软的。这些做法的背后都与自己的痛苦、恐惧等情绪太强烈有一定关系。

前面我已经反复提及，关系的本质是情感的连接，是正向体验的沉淀与积累，而建立亲密关系是为了获得幸福，关系出现裂痕，就一定要从这些视角入手。理解关系里发生了什么，自己的内心发生了什么，对方的内心发生了什么，然后才可能与对方进行有效沟通并有针对性地做出调整。理解这些是修复过程中的重中之重。

接下来，我将按照前文所述的整体思路，详细介绍一般情况下修复裂痕所需的步骤，并提供一些案例供参考。在实际的操作中，也许你并没有完全按照这些步骤去做就可以修复成功，这一方面可能是因为你们关系中的裂痕并没有那么大，另一方面可能是对方也有想要修复的意愿。

阅读这些步骤之后，如果你发现其中有些地方自己现在还做不到，那可能是因为这刚好不是你擅长的或者是你未曾关注过的。比如，有很多人在关系出现裂痕之后，并不知道问题出在哪里，也不理解自己的言行为什么会让对方失望或痛苦；又或者，在修复的过程中需要表达对自身的理解时，并不明白自己怎么了，不清楚自己为什么会有一些让对方失望或痛苦的言行，也就没有办法共情对方或者帮助对方理解自己。

遇到这些情况时，你可以进一步地探索自己，根据这些发现进行有针对性的阅读、学习。如果有需要，也可以直接寻求专业人士的帮助。虽然可能暂时还做不到，但有了这些详细的步骤，你至少知道了接下来要努力的方向。

第二十一章
步骤一，解构裂痕

一对情侣因为买房子产生矛盾而陷入冷战，原因是其中一方选择的房子离自己的工作单位近，但离对方上班的地方路程远。如果前者在修复关系的时候意识不到对方生气可能是因为感到不被爱、不被在乎，而只是关注其他方面，就很难真正修复这个裂痕。

亲密关系出现裂痕之后，意识到问题出现在哪里是修复的第一步。在这一点上，不少人常常出现的误区是陷入对事情的评判之中（几乎都是认为自己是对的，对方是错的），没有进入双方的内心去体会彼此的感受分别是什么，这就无法找到裂痕出现的真正原因。

在前面的例子中，前者如果心里想的只是"买这套房子性价比高，对方不愿意多跑一点路上班，是因为太懒了"，也就无法理解对方内心的失望与痛苦是什么，更不会去想自己坚持买这套房的深层原因。

若想成功修复裂痕，我们需要学会从内心感受的角度重新解构问题，看清两人之间在心灵层面到底发生了什么，问题到底出在哪里。特别是出现重大裂痕的时候，我们就更需要去理解原本那么相爱并决定"执子之手，与子偕老"的两个人，怎么就走到了今天这一步，彼此的内心到底发生了什么？

一对伴侣在一起生活，很多事情在做决策或行动时都需要兼顾双方的需求和感受。一旦某一方的需求被忽略或者感到被入侵，就可能导致失望与痛苦。可以说，伴侣之间在生活中很多需要共同决策的事情上——比如买房装修、选购家具家电、逢年过节看望老人、孩子出生、孩子上学、全家一起旅游度假等——最容易发生矛盾。每当节假日之后，我们机构接到的咨询预约或报名参加课程的电话、信息就会增多，背后的原因很可能是节假日里伴侣们相处的时间增多，需要共同决策的事情也比平时多，自然容易引发矛盾。

在修复关系时，我们需要理解这些事情为什么会导致裂痕，过程中每个人的内心发生了什么，以及它是如何在两人之间互动出最终的裂痕的。我们可以从对方、自己和关系这三个角度来进行理解。

对方的内心发生了什么？

生活中发生的很多事情都可能导致关系出现裂痕，但其实这些事情通常只是表面现象，属于诱发因素，并不是裂痕出现的真正原因。真正的原因在于，人们在内心是如何体验这些事情的。

比如，同样是爱人工作忙，没有时间陪自己，A 可能会心疼对方工作太辛苦了，于是想在周末给爱人做些好吃的，或者让对方多休息，尽量不去打扰；而 B 可能会觉得对方不爱自己，把工作看得比自己还重要，因此在一起时就会指责、抱怨对方。也许对于 A 来说，对方忙工作会让他联想到儿时父母辛苦赚钱供自己读书，给自己买好看的衣服、玩具，此时他的内心是温暖、幸福的。但对于 B 来说，这可能会让他想起父母经常出差或者工作忙到很晚，自己很多次被放在亲戚或邻居家，甚至独自一人被锁在家里，此时他的内心是孤独、害怕的。

人的成长经历不同，这导致人们在面对同样的外在现实时心灵层面的体验大不一样。同样都是爱人工作忙，A 觉得对方很辛苦，B 却觉得对方不爱自己。所以，修复裂痕时如果只关注外部生活中发生了什么，彼此说了什么、做了什么，而忽略了内心的体验，就只看到了问题的表面，没有看到本质，以至于无法真正地理解对方。

在前面的例子中，如果 B 的爱人想修复裂痕，有了对 B 的内心体验的理解之后，就可以对 B 说："我最近忙于工作，没有时间陪你，这可能会让你感到很孤独，觉得我心里没有你。"如果 B 的爱人意识到这重复了 B 的父母儿时带给他的感觉，就还可以加上："这也许会让你觉得我跟你父母一样，都是更爱自己的工作，不够爱你，好像你还没有我们的工作重要似的！"

这种带有对一个人过往人生经历的整体性理解，有时会像一束光一样照到人的内心深处，让人产生非常强烈的被理解感。当下发生的一件事情引发的感受常常与人们过往的经历，特别

161

是儿时的经历有直接关系。而这一点很多时候人们未必能意识到。如果修复时的理解可以达到这种程度，关系得到修复的概率就会大大提升。很多时候，也只有有了这么深的理解，关系才能得到修复。

再比如，同样是爱人有控制欲，在买东西、旅游、子女教育和人情往来等方面都要按照他的想法来，A可能觉得问题不大，遇到自己不愿意做的事情，拒绝并进行沟通或者安慰一下就解决了；但B可能会经常感到很愤怒。B的爱人在修复关系时就要去了解，B为什么会这么愤怒，以及在他强烈的愤怒情绪背后真正隐藏的是什么感受。

我们也可以从对方过往人生经历的角度去理解，形成对对方的人生叙事，这样的理解才更加深刻。比如，也许B有一个控制欲很强的父亲或母亲，成长过程中吃什么样的食物、穿什么样的衣服、买什么样的玩具、跟什么样的小朋友玩、学什么专业、做什么工作等，他或她都要控制，这常常让他感觉到窒息、委屈，觉得做自己很困难。在感受层面，当体验到被控制的时候，B愤怒的背后除了有窒息感、委屈感以外，还可能有自己像是要不存在了一样的感觉，这个感觉很痛苦，人们一般很难描述出来。如果是这样，B的愤怒就是在保护自己的存在。修复关系的时候，B的爱人如果能够理解这些，就可以把这些理解以共情的方式表达出来，如果表达到位，B就会感受到被深深地理解。

理解一个人这件事情可能是永无止境的，毕竟人们连完全了解自己都无法真正做到。那些接受过长程心理咨询——比如精神动力学取向的心理咨询——的人对此会有深刻体会。在多年的咨询探索后,通常人们如果觉得咨询目的已达成,就会选择终止咨询;但如果此时继续探索,依然可以发现内心有很多未被自己意识到的心理活动。所以,我们对爱人的理解只能是更多,永远不可能是完全。但理解得越多,修复的概率也会越大。很多时候关系会出现重大裂痕,原因就在于对方觉得在关系里不被理解,如果在关系中感受到被理解,对方想要分开的动力自然就会减弱甚至消失。

理解他人的关键是可以把对方当作独立于自己之外的单独个体来看待,也就是意识到别人和自己不一样,他们会有与我们不一样的感受和想法。自己喜欢的,别人不一定喜欢;自己能接受的,别人不一定可以接受;自己不在意的,别人不一定也不在意。

每个人理解他人的能力是终生发展的。由于每个人的经历和心理学知识的储备不同,这种能力也因人而异。因此,一个成年人可能并不比一个孩子更能理解他人。但对这个成年人而言,只要他愿意成长,他就可以不断超越过去的自己。

关于理解,有人可能会觉得自己心里也有很多失望和痛苦,自己的感受也没有被看到,却让他们来理解对方,这对他们来说很难做到。比如一位来访者就曾说过:"他说我做的有多么不好,他有很多委屈,但我心里有很多委屈,他也没有看到啊。难道我就没有一件做得对的事情吗?难道我对这个家就没有一点贡献?难道我就没有忍受过他的情绪?"

从内心感受的角度来讲,关系出现裂痕的时候,两人可能都会失望和痛苦。在自己内心的感受没有被看到、被理解的情况下去理解对方，的确不是一件容易的事情。但如果不理解对方，通常又较难真正修复裂痕，该怎么办呢？这个时候可以先探索自己的情绪，等情绪平复一些之后，再好好思考和体会对方可能是什么感受，就变得相对容易做到了。

有的人会说：他从没告诉过我他的想法和感受，我怎么知道他的感受是什么呢？其实，只要两个人之间有互动，对方内心的想法和感受就会通过某些信号传递过来，这个时候就要看我们是否具有解码这些信号的能力。

述情能力强的人可以清晰地表达自己的感受，这样的人是最容易理解的，因为他们发出来的信号是明码，别人不用费力解码。只要我们稍微有一些理解能力，就可以理解对方。比如，他们可能会直接表达出自己心里的委屈、伤心、焦虑、恐惧和担心等。

不擅于述情的人往往不会直接表达自己的感受，他们可能会批评、指责、抱怨对方，甚至发脾气，或者直接付诸行动。其实这些都是信号，目的是希望我们理解他们，或者可以满足他们的需要。比如，对方会说："你这个人太自私了！"这是一句评价的话，如果我们把这句话翻译为感受，他说的其实就是"我感受不到你爱我，我感觉你只爱你自己"。

感受的背后往往隐藏着他们内心的渴望，这些渴望可能是他们在当前亲密关系中的正常需求，也可能是对儿时缺失部分的补偿，反映了内心深层的需要。比如上面这句"你这个人太自私了！"背后的渴望很可能是："我希望你可以多关爱我一些，我需要你的关心和爱。"

按照这个逻辑，**人们在日常吵架、抱怨时所说的话，实际上都是在以他们自己的方式表达内心的感受和渴望**。比如，以下这些语言就很可能代表了相应的感受和渴望。

语言	感受	渴望（需要）
你聋了吗？	我感觉不到你的回应	我渴望你的回应
你这个人怎么听不懂人话？	我感到不被理解	我渴望被理解
你这个人太不靠谱了	我感觉到无法信任你	我渴望你是一个令我信得过的人
你太冷漠了	我感受不到你的温暖	我渴望被你温暖
你心里就没有我	我感到被忽视	我渴望在你心里是重要的
好像我做什么都是应该的	我只感到你在使用我，而不是爱我	我渴望你看到我做的一切是因为我爱你，而不是尽我的义务
在你眼里，我是个人吗？	我感到没有被你尊重	我渴望你可以尊重我
你从来都不考虑我的感受	我感到我的感受没有被在乎	我渴望我的感受可以被你看见、在乎

而那些喜欢付诸行动的人可能什么都不说，直接就做了，比如沉默、不接电话、关门走人等。他们或许是没有能力表达自己的感受，也可能是担心说出来后对方无法接受。总之，这些都是他们发出的信号。这些信号是非语言性的，解读起来可能有一定难度，但根据前文的理解，人在当下所体验到的失望和痛苦大多与过往的缺失和创伤有关。如果你已经足够了解对

方成长过程中的缺失和创伤，解读这些信号就会相对容易一些。

此外，有时候，我们还需要承受与容纳对方一定程度的攻击和否定。否则，当对方发出信号时，我们可能会因为感到过于痛苦而进行防卫或反击，从而失去解读对方信号的机会。

自己的内心发生了什么？

"他说只有我不发脾气了，他才愿意和好，但他不相信我会改变！"

"既然是我的脾气不好导致关系出现问题，我以后不发脾气就可以了，关键是我已经跟他说了，他却不相信我！"

以上是很多脾气不好的人在咨询中对我说过的话。

发脾气常常是为了防御痛苦，很多情况下这种痛苦源于自体破碎或崩溃，喜欢发脾气的人可能仍处于全能自恋的状态，表现为如果别人不满足自己的期望就发脾气。在没有解决根本问题的情况下，单靠他们承诺会改变，对方往往并不会相信。

他们也许会因为恐惧对方与自己分开而暂时压抑自己的情绪，不再发脾气。但如果不是内心真的发生改变，比如创伤被疗愈、自体变得强大等，一旦对方答应和好，关系稳定以后，他们内心的痛苦和自恋等因素仍可能影响他们的脾气。他们不知道自己为什么容易发脾气，也没有去探索这些问题，只是声称自己可以改变，对方对此表示怀疑也很正常。

如果他们能够表达出自己容易发脾气背后心理层面的原因，对方就有理由相信他们是真的知道自己怎么了，也容易相信他们也许真的会发生改变，或者会去寻求真正的解决方案，这就容易让对方看到在一起可以幸福的希望。比如，告诉对方："你知道从小父母对我娇生惯养，太溺爱我了，我过去一直活在自恋中，觉得全世界的人都应该满足我。别人对我的好被我当成理所应当，别人稍不如我的意，我就会愤怒。我现在知道这是自恋性暴怒，这是我的问题，我打算去成长这个部分。"

经常自恋性暴怒的人往往认为别人应该满足他们，他们发脾气时通常是在指责和攻击对方，好像别人不让他们满意就是错了。然而，他们一旦意识到自己的问题，就不再觉得别人应该满足自己，也不会继续指责对方。他们再次感到愤怒时，因为已经知道愤怒的背后是全能自恋和控制他人的欲望，所以如果可以跟自己愤怒背后的无力等痛苦感受待一会儿，对情绪的穿越就可能会发生，发脾气的概率也会降低。因此，表达出这些认识，更容易让对方感知到他们确实有所改变。

在这样的表达中，**我们把自己在关系里的行为和内心感受与儿时经历联系起来，形成对自己的叙事性理解。**这种理解越深刻，对方就越有可能重新建立起希望。至此，我们会发现，理解自己，需要我们充分了解自己的内心，特别是成年后的性格与儿时经历之间的关系。从这一点来看，很多人对自己的了解其实是不够的。

不止一次有人问我，为什么他们儿时感觉很幸福，现在却感到不幸福。我与他们一起探索他们的童年经历时很快就发现，他们儿时的生活并非如他们所说的那样幸福，而是存在一些不小的创伤与缺失，比如与父母的感受无法连接，很小的时候就与父母有过长时间的分离，父母存在隐形控制，经常变换抚养人，等等。

童年是人格发展的关键期，这一理论在心理学界已经成为共识，并且在今天也已经成为很多心理学爱好者的基础认知。然而，生活中很多人对心理学了解不多，也缺乏对自身的探索，所以对自己的理解往往很浅。在这种情况下，如果可以多了解一些心理学知识或直接寻求专业人士的帮助，将大大增加对自身的理解。

尤其是自身存在习惯性出轨、自恋性暴怒、控制欲强等会让对方受到伤害的情况时，仅仅保证自己以后不会再犯，有时难以取得对方的信任。如果想要重建信任，肯定需要真实的改变，而这种改变必须建立在对自身的理解之上。比如有出轨情况的，要理解导致出轨的原因是什么，是全能自恋问题，还是性和爱的分裂？是性成瘾，还是自身存在隐形攻击特质？这些背后的原因一旦被意识到，便可以增加改变的可能性，对方也更愿意选择给这段关系一次机会。然而，这不能仅仅是一种策略，不能只是为了修复关系而采取的临时说辞，而不进行真正的自我成长和改变。否则，下一次出现类似情况时，关系可能就彻底无法修复。

另外，出轨会触碰到被出轨一方内心的很多痛苦，如被抛弃、被否定和不安全感等创伤，对方内心可能会感到极其愤怒。出轨会让对方感到被背叛，还可能对爱情感到失望。伤口的愈合需要时间，心中愤怒情绪的释放也需要一个过程。因此，被出轨方想起这件事情时可能会因为内心痛苦而攻击出轨的一方，出轨一方想要修复这样的关系，就需要承受一段时间这样的攻击。这对其内心承受攻击的能力提出了较高的要求。被出轨方愤怒情绪的释放时间因人而异。有的人因为承受不了对方的攻击，会对对方说："过去的事情，就不能让它过去吗？"这是一个愿望，但如果不让对方将内心的愤怒表达出来，不让对方内心的痛苦被真正地看到和疗愈，对方就会感觉过不去心里的坎，信任也就难以重新建立。

再比如，那些强势、有控制欲的人要明白，他们的强势和控制欲可能与内心深处的不安全感、恐惧、无力感或者不自信等因素有关。另外，在正常情况下，亲密关系中的付出应该被感激。但如果你付出了很多，却没有得到对方的感激，还被对方抱怨，甚至面临分手，除了可能是因为对方觉得你的付出都是理所应当的，也有可能是因为这些是"自以为是的付出"，是你为了防御自己内心的脆弱感受、无价值感而做出的行为。

我认识一位女性，她很能干，家里的各种事情她都争着做，而且做得非常干净利落。她常常看不上别人做事的方式，认为别人做事考虑得不够周到。结果就是孩子们被溺爱，失去锻炼的机会；老公该做的事情也被她做了，显得他没有价值。她却因此经常抱怨，觉得自己都是为了家人好，但大家似乎并不感恩。而背后的原因是她自己儿时一直得不到父母的肯定、认可和关爱，没有体验到价值感，需要做很多事情让自己显得有价值。为了防御内心对没有价值，进而得不到爱和认可的恐惧，她自然会做得更多。但她做得太多时就不是在满足别人的需要，而是在满足她自己的，别人当然不会感恩，也不会在心里形成感情的沉淀。

所有强势的人、有控制欲的人都可能在某个时候觉得自己的所作所为是为了别人、为了这个家，但他们没意识到，其实是内心的恐惧、脆弱、无价值感和低自尊等在影响他们。比如，一些人觉得自己做一些事情是为了一家人面子上好看，但很有可能，别人并没有那么在乎面子，是他们自己在乎。

裂痕是如何被共谋出来的？

前面提到过，关系中的各种局面都是双方互动的结果。有了对对方及自己的理解之后，把两者结合起来一起看，就更容易理解关系为什么会发展到今天这个局面。这主要是两个人的心理创伤与缺失在生活过程中交互影响（见图 7）的结果，也可以说，大多是双方在心灵层面共谋的结果。

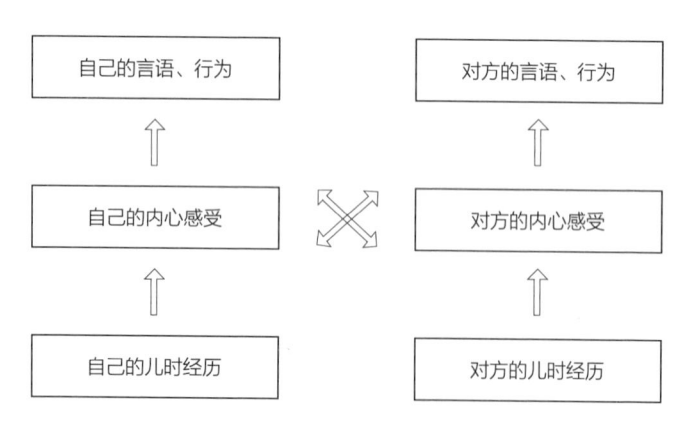

自己的言语、行为		对方的言语、行为
↑		↑
自己的内心感受	⤢⤡	对方的内心感受
↑		↑
自己的儿时经历		对方的儿时经历

图 7　双方内心交互影响的过程

比如，控制欲强的人需要认识到自身控制欲的背后是对失控的恐惧，这可能与儿时父母的养育方式有关系，通常是溺爱和忽视同时存在。而如果爱人的成长背景中恰好有控制欲强的父亲或母亲，那么自己既会吸引他，又会让他感到痛苦。因此，今天的局面似乎早已注定。理解到这一层，才算是真正理解关系里发生了什么。

这样的理解需要在对双方的内心感受、原生家庭和过往经历都有一定了解之后才能形成，缺一不可。

一方全能自恋、另一方依赖的亲密关系组合，既有很强的吸引力，又很容易出现问题，可谓相爱相杀。

全能自恋的人需要他人的认可，渴望被人赞美，享受那种被人崇拜以及居高临下的感觉，所以他们恋爱时很可能会回避那些能力比自己强的人。他们感兴趣的通常是外在条件看起来不错，但在某些方面能力不如他们的人，甚至是有依赖倾向的，这可以满足他们的自恋心理。

而喜欢依赖他人的人通常内心缺乏独立能力，他们需要依靠对方过上理想的生活（而全能自恋的人往往一开始看起来都是理想的依赖对象），因此会害怕被抛弃。如果他们采用讨好的方式，通常两人之间不会有太大的矛盾，但他们内心的情绪会被压抑，全能自恋的人也容易慢慢对他们失去兴趣。如果他们不讨好，就可能采取控制的方式牢牢抓住对方，发脾气、无理取闹通常都是控制的表现。（其实讨好也是一种控制，属于隐形控制。）

在这样的组合中，全能自恋的人一开始可能会觉得自己可以包容、接纳、承受对方的需求，但时间久了，他们也会感到耗竭。这与他们在其他事情上常常用力过猛，容易导致耗竭的情况一样。当这一天到来时，他们与伴侣的关系会面临破裂的风险。他们还容易挑剔、贬低对方，这会让对方感到痛苦。如果他们与伴侣的关系出现问题，无论哪一方想要修复裂痕，理解到这些情况，在后面的沟通中都可能增加成功的概率。他们未来努力的方向应该是：全能自恋的人要去解决自己的自恋问题，避免过于自大、自我、凡事用力过猛、总是承担过多等；而喜欢依赖的人需要发展自己的独立性，并解决对分离的恐惧问题。这样，两人在一起才有可能获得更多的幸福。

也有一种人，他们既有依赖的特点，又有全能自恋的特点。这可能导致他们在生活中一方面依赖对方，另一方面又贬低对方。甚至可以说，那些在婚姻里经常贬低伴侣却又离不开对方的人，大多是既依赖对方，又自恋的人。如果对方真的很糟糕，而自己又不依赖对方，这段关系就不可能维持到现在。全能自恋让他们在意识上无法接受自己对对方有需要，更不用说依赖了。因此，他们会一边依赖对方，一边又通过贬低对方来制造一种不是自己需要对方，而是对方需要自己的感觉。在这种情况下，他们的伴侣往往会觉得自己付出了很多，却没有得到任何认可，好像自己所做的一切都是理所应当的，这是非常痛苦的，时间久了，他们也会想要离开。

关系出现问题是二人互动的结果，这句话说出来简单，但真正在体验层面感受到这一点，对于很多人来说很困难，因为在很多人的认知中，问题都是对方的，自己是委屈的、无辜的，是受害的一方。这既是关系出现问题的重要原因，也是修复裂痕时的难点。如果认为问题只是对方的，自己有很多痛苦无人理解，这时再去理解对方就变得很困难。

我们之前提到，如果问题都在对方身上，那么自己主动修复关系似乎显得有些矛盾。向往一段幸福的亲密关系是正常的，但如果这种向往是针对一个有问题且不愿意与你共同生活的人，那么就需要反思这种向往是否合理了。比如，有的人在对方与异性接触时，即使没有证据显示对方想要移情别恋，也会担心被对方抛弃。随后，他们可能会控制对方，每天要联系多次，甚至不让对方跟异性有接触。如果他们对自己这些行为背后的原因完全不自知，就可能无法理解对方内心的委屈和不被信任的痛苦感受。

也有人会说：是因为对方先做了一些事情，我才做另外一些事情的。好像因为对方有问题在先，自己的做法就合理了，责任就都是对方的，自己无须负责。这种心态使他们难以理解关系中到底出了什么问题。

很多人在关系中会将对方物化，即把对方当成满足自己需求的工具，而不是一个独立的个体。如果将对方视为一个独立的人，就需要尊重他的感受、意愿、边界和自主性等；而如果将对方仅当作一个工具，就会忽视他的感受、意愿和自主性，并且经常越界。

在这样的关系里，对方可能会说："感觉我就是你的奴隶""似乎我就没有被当成人看待""感觉我就欠你的""好像我做什么都是应该的"。如果你的爱人经常说这些话，就要重视了,因为他可能在关系中感到被物化,而你全然不自知。

物化往往伴随着控制,如果你仔细观察,就会发现那些经常争吵的关系中常常至少有一方控制欲极强。这样的人,一旦对方做的事情不如他的意,就会愤怒。如果两人都有类似特点,就会经常闹得不可开交。

还有一个认知,也许可以帮助大家理解自己,那就是我们都不是完美的,我们自身的任何短板、创伤和缺失只要存在,就难免会影响亲密关系,而我们每个人也一定存在这些,只是通常自己没有发现而已。

假设你有丢三落四、注意力不集中的问题,这类问题通常会在亲密关系中起作用,让你较难集中注意力去关注对方,跟对方说话时可能经常低头刷着手机或追着剧。如果对方有被忽视的创伤,就可能会觉得自己没有被爱。

另外,任何一对爱人都生活在现实世界里,在不同的人生阶段会面临不同的压力。遇到收入减少、孩子出生、家庭支出增加等情况时,不仅经济负担增加,日常事务也会变得更加繁忙,导致双方都更加辛苦。在这种情况下,两人内心对关爱的需求都会增加,容易感到对方不够体谅、心疼自己。

在修复裂痕时,对影响双方关系的因素有深刻的认识非常重要。这可以帮助双方认识到,问题的出现并非因为二人中谁有多么过分,而是遇到了一个特殊时期,影响到双方的关系。理解了这些,我们就可以从"全都是对方的问题"这一视角中解脱出来,看到问题的全貌。我们需要认识到,**虽然关系中的问题是两人互动的结果,两人各有各的创伤与缺失,但无论是**

修复裂痕，还是经营关系，我们都只能指望自己先做出改变，而不是期待对方先改变。只有这样，关系才有改变的可能，长久的幸福才有可能实现。

至此，我已介绍了解构裂痕的三个角度：自己、对方和关系。如果你当下所处的亲密关系出现裂痕，并且你想更好地修复它，可以尝试从这三个角度进行解构。把这三个问题的答案找出来，你就会知道下一步该如何进行。

可以参照下面的问题来解构：

一、自己的角度

1. 在裂痕产生的过程中，自己说了什么话、做了什么？

_____

_____

2. 这些言行背后的感受是什么？

_____

_____

3. 这些感受与自己的成长经历可能有什么关系？

_____

_____

二、对方的角度

1. 在裂痕产生的过程中，对方说了什么话、做了什么？

_____

2. 对方的这些言行背后的感受可能是什么?

3. 对方的这些感受与对方的成长经历可能有什么关系?

三、关系的角度

　　双方的言行、感受以及成长经历可能以何种方式交互作用，导致当前裂痕的出现?

第二十二章
步骤二，连接情感

当形成对关系出现裂痕的原因的整体性理解之后，下一步就是跟对方沟通，包括把自己对这些原因的理解表达给对方。如果表达的效果好，对方的内心就可能出现变化，就像冬天冰冻的土地遇到春天温暖的阳光会开始融化一样。

这个过程可能一次沟通就能完成，也可能需要多次，甚至更漫长。原因在于，过程中可能同步发生很多事情，双方都有可能会犹豫，时而想到对方的好，时而想到对方带给自己的失望与痛苦。关键在于，是这种沟通和态度所带来的被理解、接纳、认可和尊重等正向体验更多，还是对方内心的失望和痛苦更多。

在表达理解时，有一点希望大家可以事先有心理准备，就是无论你理解他人的能力有多强，都可能在某个点上理解不到位，或者根本就理解错了。这其实很正常，毕竟我们连理解自己都未必能完全准确，更何况是理解他人。我们都不是全能的。

有时，关键并不在于理解的对不对，而在于我们有没有表现出想要理解对方的态度。也许我们的理解有误，说出来的并不是对方内心的准确感受，但只要我们展现出愿意沟通和探讨的耐心，表达出自己认为的可能性——通常会使用疑问句和"也许""可能"等词语——就能让对方感受到我们正在努力理解他们，一般不会带来不好的体验。相反，如果我们表达时使用的都是肯定语气，即便理解对了，也可能给对方带来不好的体验。

可以体会我们在听到以下两句话时内心感受上的区别：

"我在想你生气的原因，会不会是我们上次旅游没有带你父母一起去。你跟你的父母感情那么好，我没有让他们去，你会不会觉得我不在乎你的感受？"

"我还不知道你！你生气，就是因为我们上次旅游没带你父母一起去。你跟你的父母感情那么好，我没有让他们去，你肯定是觉得我不在乎你的感受！"

第一句是探讨式表达，体现出共情的态度，能让对方感受到被关心、呵护和在意。即便理解得可能不准确，对方仍能体会到关心和在意他感受的态度。第二句是肯定式表达，强调的是自己知道对方的心理，像是一种对自己能力的炫耀。也就是说，**表达理解的关键在于我们的态度，而不完全在于准确度。**态度好，不准确也没关系；态度不好，即使理解准确，效果也不会好。

而对自己以及关系的表达，都有类似的微妙之处，都应是一种探讨，传达的是一种可能，而非既定事实。对方能从你的言语中感受到你努力想要弄明白你们之间的问题所在并去解决的态度，而不是在炫耀自己的能力。

帮助对方说出内心感受

表达理解对方内心感受（共情）的过程，也是重新建立情感连接的过程。表达的关键在于既不争论谁对谁错，也不急于探讨双方的创伤与缺失是如何影响关系的，而是表达出关系里发生了什么，对方的感受是什么。

比如，自己如果脾气不好，意识到之后就可以说："我的脾气不好，以前经常对你发脾气，这么多年来，你心里可能很委屈。以前为了孩子，你都忍着，现在孩子大了，你可能不担心孩子了，也就不想忍了。"再比如，既依赖又控制另一方的人，意识到之后就可以这样说："你很有能力，也很勤奋，我们能过上现在的生活，主要得益于你这些年持续不断的努力和付出。但是我一边享受你带来的这些好处，一边却表现出一种理所应当的态度，好像你所做的一切都是应该的。你可能觉得我没有心疼你、体谅你，也没有看到你的付出。"

如果意识到自己之前在关系里有很多不安全感，经常控制对方的社交，让对方感觉窒息，就可以说："我很没有安全感，总是担心你跟别人有什么，总是不让你跟别的异性接触，这可能让你觉得很累、有窒息感，也可能让你觉得我不相信你。"

这样的语言是直接把对方内心的感受替他表达出来，如果表达得准确，会让对方立即感到被理解。然后，对方可能会开始表达自己的情绪。等到对方述说完，情绪得到释放后，如果你能够继续表达理解，对方的情绪就可能会平复下来，那些之前在一起时体验到的美好感受也可能会从内心慢慢浮现出来，关系就有可能得到修复。

人内心的痛苦未被人看见时往往只能独自承受，很多时候也不敢释放情绪。一旦被看见，就会感觉情绪被接纳，仿佛有人跟自己一起面对了，通常就敢于释放这些情绪。所以，我们常看到人们在感到被理解时会哭出来。**而情绪一旦被体验过、释放了，也就会慢慢消失。**

对对方情绪的关注和理解通常会被对方体验为爱。爱就像光，而痛苦就像黑暗，只有光能够驱散黑暗，也只有爱才能疗愈痛苦。

如果你正在修复裂痕，也可以思考这个问题：在前面解构裂痕时，你已经知道对方内心的感受大概是什么，与哪些成长经历有关系，现在如果要你表达对对方的理解，你会说什么呢？

你的表达：

_____

_____

_____

对方不愿意沟通怎么办？

在实际生活中，有的人不愿意再沟通，是因为他觉得和伴侣沟通不了，说了也无法得到理解，这是一种对沟通绝望的信号。在这种情况下，如果你能表达出他的感受，他觉得自己被理解了，沟通的意愿就可能有所提升。

也就是说，此时最好可以先表达出对他"不愿意沟通"这个行为背后的感受的理解，而不是不管对方愿不愿意沟通，只管表达自己的。沟通就像用管道输送，如果管道出现问题，输送这件事情就要往后放放，此时首先应该关注的事情是重新建立管道。

这时就可以这样说："你不想跟我说话，我想可能是因为你感觉之前说了也没用，我也没理解你。现在想来，的确如此，你之前说了很多次，但我当时的确没有理解你。"这样对方就有可能说："我对你这个人已经彻底绝望，你根本就理解不了别人，你心里就只有你自己。"

请注意，此时虽然对方说的内容是绝望，但在行为层面他已经开始说话了，已经在沟通了。我们只需要继续表达对对方的理解，让他接着说就可以。

有人在对方终于开始说话时又为自己辩解，类似说自己之前的做法也有原因和苦衷，或者又开始指责对方。比如："我怎么就心里只有我自己了？"一旦这样的话出现，对方可能会再次选择沉默，因为他再一次感觉到说了也没有用。

让对方把心里的感受、想法充分表达出来是非常重要的一步，只有这样，他的情绪才可能得到平复。一旦开始反驳，对方不再说话，你就失去了机会。此外，像这样鼓励对方表达自己的感受和想法的做法应该成为我们日常生活中跟对方相处的整体态度。只有让对方的感受和想法随时可以得到表达，你才能越来越了解对方，越来越理解、接纳对方。

人的情绪是内心的能量，如果不被理解，就一直无法得到

释放。很多时候没有经过这样的过程，看似关系和好了，内心却可能已留下隔阂，这意味着裂痕并没有真正得到修复。

沟通的时机

如果对对方不想沟通这件事情表达理解，对方依旧不想沟通，原因可能在于对方内心有一些感受没有得到准确理解，也可能是他还没有做好准备或情绪还没有得到平复。此时，需要给对方一点空间，让他去思考、体会以及平复情绪，等他准备好再沟通。这种做法本身就是一种理解和共情。

有的人担心，如果太久不沟通，对方会不会转向别人，的确存在这样的可能。但不要忘了，过于急迫可能会让对方感到窒息、恐惧，进而可能逃得更远。当一个人想要离开的时候，另一个人追得越紧，那个人就可能逃得越快、越远。在工作中，我经常遇到有来访者说他们的爱人一开始还跟他们互动，但后来却把他们"拉黑"了，根本就联系不上，这很可能就是因为他们追得太紧了。

太久不沟通不合适，追得太紧也不合适，我们需要把握这中间的度。

当你不知道对方的感受时，有时进行一些试探性的沟通可能会有所帮助，对方的反应可以提供一些信息。比如，如果回信息很快，也愿意表达自己的想法和感受，可能是愿意沟通的迹象；如果不回信息、不接电话，可能是完全不愿意沟通；如果回信息很慢，回复的字数很少，或者接电话时直接问"有事吗",可能是处于不太愿意沟通的状态。

当关系出现重大裂痕时,如果你在沟通中并不急于让对方做决定,而是表达对对方的关心和理解,对方的沟通意愿往往会增加。一沟通就问对方到底是要分开还是要继续,或者逼问对方到底怎样才能和好,都是急于求成的做法。这些做法都可能让对方为了减轻痛苦,干脆给你一个痛快的答案,就是分开。相反,如果给对方一些时间,对方的决定不一定就是分开。

请切记,虽然你的目的是修复裂痕,但注意力应该放在建立感情上,通过理解、认可、容纳等重新建立感情,裂痕自然就能得到修复。

当对方说没有感情了

对方说没有感情了,如果是真的没有了,裂痕的确较难修复,因为感情是关系的基础,没有了基础,关系就难以维持下去。然而,对方说没有感情了,也不一定真的就没有了,有时可能是对方心里的怨恨浮现,而爱被隐藏到内心深处。不然,怎么会有那么多人分分合合呢?

因此,即使在这种情况下,共情依然是可能的。具体的做法就是问对方:觉得当初有感情吗?如果有,感情是怎么没的?如果对方愿意说,说出的这些内容里就有他的感受。对这些感受进行共情,就有可能让对方感到被理解,从而重新建立起感情。

比如,对方说:"我承认,刚在一起的时候,我是爱你的,但你总是挑剔我、否定我，觉得我这里做得不好，那里做得不好。一开始我想可能是我的确做得不够好，但后来我发现，无论我怎么做，都不能让你满意。在你眼里，我好像一无是处，我的心也慢慢变凉了。"

这时，你就可以共情："我一直挑剔你、否定你，你心里一直觉得很难过，但你还坚持了那么多年，这很不容易。"然后，你可以继续说："你这么多年这么痛苦，但你还一直在坚持，能告诉我是什么支撑你一直坚持下去的吗？"

对方可能会说："我一开始相信你可以改变，我也希望我可以努力做到你所希望的，但后来我发现你改变不了，我也做不到你想要的样子。"

此时，你可以继续共情回应："也就是说，你一直在努力，一直在给我机会，也一直相信我可以改变。"等对方认同后，你还可以继续说："那这一次，是什么让你不相信了，不想努力了呢？"

对方可能会说出他内心真正的痛苦感受，比如可能是最近发生一件事情，让他感觉到彻底无望。此时，去共情这件事情给对方带来的感受，就可能让对方内心释然一些。然后可以告诉对方，自己已经意识到问题所在并且愿意做出改变，看对方是否愿意给彼此一个机会。

如果之前为了修复裂痕做了一些事情，让对方感到痛苦、反感，这些感受同样不容忽视，也需要给予共情。比如，有的人在修复关系时会找家人、朋友劝，甚至给对方施压，企图通过这些人去影响对方。我不是说这些方法一定无效，但在我所接触的案例中,很多来访者都表示这样做之后关系变得更糟糕。原因在于,对方可能会觉得没面子,或有被逼迫和入侵的感觉,也有人觉得这些人越界了,认为这是两个人之间的事情,与他人无关,从而对这些人产生不满。

如果你之前有过这些做法,并且让对方产生了反感和抵触情绪,就可以跟对方共情说:"我之前让别人劝你,但发现这样做之后你更不想理我了。我想你可能觉得我不应该去找他们,我们两个人的事情应该由我们直接沟通解决。"

当对方回应时,需要特别注意的依然是不要强行解释和辩解,而是继续共情,这是很多人修复关系时容易出现的问题。比如不要说:"我那时因为没办法了才找别人"或"我跟你说没用,我才求助别人"。

总的来说,任何可能影响关系、导致裂痕出现的事情都需要通过沟通和共情来解决,只有这样,裂痕才可能被彻底修复。

承认没达到对方的期待

连接情感的另一个关键是承认自己不完美。当亲密关系出现裂痕,通常是因为对方内心感到失望或痛苦,尽管这并不一定是你的错,但也表明你与对方内心的期待存在差距。对这一点进行共情,即承认这种差距,不但可以让对方感到被理解,也有助于对方接纳真实的你。

如前文所述,每个人对伴侣的期待往往深受其成长过程中所获得的爱和经历的创伤影响,而这些因素在不同人之间存在显著差异。那些在成长过程中遭受较多忽视、批评、指责和贬低的人，往往内心的缺失也较多，所以他们对伴侣的期待也相对较高，有的甚至希望自己的伴侣是完美的。相反，那些在成长过程中获得较多的爱、经历较少创伤的人，对伴侣的期待则不那么理想化，更倾向于接纳伴侣最真实的样子。

从不完美到完美，人们对伴侣的期待也呈现在一个连续谱上。但整体而言，几乎不会有人真实的样子可以刚好完全满足伴侣的所有期待。两个人在一起生活得越久，彼此越了解，失望可能就越多。当双方开始学习接纳对方最真实的样子并降低期待，两人的关系会慢慢变好。

我们每个人几乎都会在某种程度上让爱人失望，如果你事业做得很好，可能就缺少陪伴爱人的时间；如果你有充足的时间陪伴爱人，可能事业上的发展又不能达到对方的期望；如果你事业发展得不错，也有很多时间陪伴爱人，可能对方又觉得你脾气不够好，或者不够懂他，不够浪漫。总之，我们谁都不会是爱人心中完美的样子。

在这种情况下，争论到底是对方的期待过于理想化，还是自己真的做得不够好，很容易陷入"公说公有理，婆说婆有理"的僵局。很多时候，这种争论是没有标准答案的，却可能给关系带来很多困难，导致双方痛苦。

具体到修复裂痕，这个时候就是要先共情对方对你的失望。这里没有对错，只有对方对你失望这个感受被理解。举个我工作中遇到的例子，曾经有人希望我一次咨询就可以解决他的心理问题，我当然做不到，他对此有些不满。我没有去跟他探讨到底是他的期待过高，还是我的能力欠缺，而是说："对不起，看起来你今天感受到的我，离你期待的我差得很远！"他立刻回应说，也有人说过他对人的期待过高。这表明他在那一刻开始内省，这次咨询对他来说就有了积极的影响，让他意识到自己对他人的期待有时过于理想化。

在亲密关系中最有效的让对方接纳我们的方法，不是证明他错了，而是让他在感受层面能够接受期待没有被满足。承认自身的不完美并尝试共情对方，可以帮助对方降低对我们的期待。这不仅能避免很多冲突和矛盾，还可以增强对方对现实的接纳能力。

这个道理并不复杂，但对于很多人来说，实践起来可能会很困难，因为这会让他们痛苦。很多人的亲密关系和人际关系之所以经常出现问题，正是因为他们无法接受自己不是完美的。当别人挑剔、指责、批评他们时，他们会立即反击，这就容易发生冲突。这通常是关系出问题的原因，也是人们修复裂痕的障碍。

单就无法承认自己不完美这一点而言，前文我们已经讲过，深层次的原因是自体过于脆弱，以及对完美的过度渴望。生活中别人任何形式的批评、否定或指责都会引发他们的羞耻感、痛苦和对自体破碎的恐惧。为了避免出现这些负面感受，他们可能会经常做一些事情来让自己看起来是完美的，也就是努力打造自己的完美人设。但这不是真实的，而像是戴了一张面具，一旦别人批评、否定、指责他们，就像摘掉了他们的面具，打破了他们刻意维护的人设，这会立即让他们陷入痛苦或愤怒的情绪。所以，他们就做不到去承认自己不完美。

另外，也可以说他们内心并不确定自己是怎样的人。对自己是怎样的人足够确定的人很清楚自己真实的样子，那些他们觉得自己很好的部分，别人说他们这些部分不好时，他们知道那是别人不够了解他们或者根本就是别人的投射，因此并不会感到难过，通常也不会去争论，而是选择一笑置之。这就像你很确定地球是圆的，如果有人跟你说地球是方的，最简单的应对方法是说："哦，是方的啊！我还一直以为是圆的呢！"而不是陷入无谓的争论。如果他们觉得自己某些方面还不行，别人又刚好说他们这些方面不行，他们自然会觉得别人说得对，也不会去争论。

无法承认自己不完美的人如果想从根本上解决问题，就要做一些事让自体强大起来。一旦自体强大起来，生活中的很多人际问题也会迎刃而解。而如果要问除了寻求专业帮助，**还可以做些什么让自身强大，答案之一正是在各种关系中承认自己不完美，这也就是人们常说的自我接纳**。需要注意的是，承认自己不完美不是贬低自己，更不是把自己说得一文不值，而是看到自己有价值、有资格，只是不完美而已。扮演完美者和低到尘埃里都不是获得别人的尊重和爱的途径。

这样看来，在修复裂痕时如果可以做到承认自己不完美，既有利于修复裂痕，又能帮助我们接纳自身。当我们决定这样做时，需要承认的问题其实也并不难发现，因为对方在吵架或抱怨时已经明确指出。我们直接重复对方说过的一些话就可以。

如果认识到自己之前经常发脾气、喜欢挑剔可能让对方难以忍受，此时就可以说："我的脾气不好，也经常挑剔你，这让你感到很痛苦。"在承认自己不完美时，也可以结合对自己的整体理解来表达，这可以促进对方更好地理解和接纳我们。比如，如果自己有依赖倾向，就可以说："我从小父母就比较宠我，确实有很多事情没有学会怎么做，所以也挺依赖你的，很多事情都指望你去做，我只要享受就行了，这可能会让你感到有很大压力。"

如果意识到自己可能过于以自我为中心，则可以说："我知道我这个人以前有一些自我，在一起的这么多年，你做什么事情都经常想着我，而我常常忽略你，只考虑自己，这可能会让你感到不被爱。"

你可能也注意到，这里说的话和前面共情对方时说的话区别不大，是的，因为它们本身就是一回事。很多时候，共情对方就是需要我们承认自己不完美，而承认自己不完美自然就会带来共情的感觉。

这样的做法还能起到以下两个方面的作用。一是消除施加在对方身上的指责、批评、否定等负面情绪。我们都知道，很多父母习惯批评、指责和否定孩子，也就是说，对方极有可能从小没有得到父母足够的滋养，有很多创伤体验。而关系之所以出现问题，往往是因为在长期一起生活的过程中，对方得到的滋养不够，而创伤体验被重复太多次。

如果你经常指责、批评、否定对方，就会给对方带来痛苦的感受。刚开始可能还可以承受，但如果长时间这样做，会形成积累效应，到了某个临界点，对方可能就忽然无法承受了。

想要修复裂痕，就需要消除这些痛苦的感受。如果我们承认自己不完美，实际上就是在去除对方心里积累的痛苦。

二是给对方传递了一种希望感。在对方看来，当我们认识到自身不完美时，意味着我们有改变的可能。这会让对方看到未来在一起生活有幸福的可能，从而激发内心的希望感。

另外，既然我们不是完美的，那就会有缺失和创伤，也有需求和痛苦。在确保对方得到理解并且有心情和时间倾听的时候，说出自己内心的感受是必要的。这可以促进对方对你的理解，也可能唤起对方对你的感情。但一定要避免又变成对对方的指责、批评和否定，而是表达自己的感受，要进行标准的述情。比如："我从小被父母过多照顾，没有承受过太大的压力。现在有那么多的事情要应对，我感觉压力挺大的。有时候，我做的事情被视为理所应当，没有做就好像是我的错，我心里也挺委屈的。"

这个时候结合自己的成长经历和原生家庭来表达自己的感受，可以让对方更全面地理解你，在对方愿意听的时候也可以多说说。

现在，请你思考一下：对于你当前关系中的裂痕，你已经总结了自己的一些言行、感受以及成长经历可能产生的影响，如果让你承认自己不完美或没有达到对方的期待，你会如何表达？

你的表达：

_____

_____

_____

表达对裂痕的宏观理解

关系出现裂痕通常是爱人之间的心理创伤与缺失交互作用的结果。在修复裂痕的时候，如果对这一点已经有清晰的认识，在表达对对方的理解、承认自己不完美之后，把这个宏观部分表达出来，兼顾二人的成长过程、原生家庭和生活环境等，可以帮助对方理解关系出问题的根本原因，也有利于对方接纳关系本身的不完美。

就像在摄影时拉远镜头可以拓宽视野那样，当我们在关系中采取更宽广的视角时，我们能更全面地理解问题。一个人想要结束关系时，通常是觉得问题无解，而解决问题需要知道问题出现的原因，在认识到原因之后，就有了解决的希望。

这种表达不是在强调谁对谁错，而是在传递一种认识和领悟：亲密关系之所以出现今天的局面，往往是彼此儿时的创伤与缺失共同作用的结果。双方内心都有痛苦的感受，双方都不容易。如果彼此都有意愿，以后可以携手努力，一起走出困境。

不过，能够做到这样的理解和表达，也一定是基于双方在平日里以及关系出现裂痕后都有充分的沟通。因此，充分地表达自己并倾听对方的表达至关重要。比如，如果你认识到裂痕是由两人各自的特点——自己有些自大、只喜欢别人夸奖自己、不认可和关心对方，而对方童年时期缺乏爱的滋养——相互作用导致的，表达时就可以说："可能是因为我从小得到的认可和关爱不够多，加上父母习惯于用批评和指责的方式教育我，所以我总想表现自己以获得认可。我把很多的精力都放在这一点上，做的很多事情都是为了得到别人的肯定和夸奖。这导致我平时可能忽视了对你的关心，总是希望你关心我，却没有怎么关心你，还经常挑剔你。而你从小父母经常不在身边，得到的关心本来就少，我应该多关心你才是，但我却没有做到，这可能让你感到很失望。"

这里需要注意的是，在表达双方内心创伤和缺失的形成原因时尽量不要用肯定语气，因为这只是我们现阶段的认识，并不一定完全准确。随着对彼此的了解更加深入，以及对心理学知识的进一步掌握，我们以后可能会有更深刻的认知。

再比如，如果自己是关系中控制的一方，而对方成长过程中刚好有控制欲强的父母，结合自身的成长经历，就可以这样说："可能是我从小缺乏关爱的原因，我心里一直很没有安全感。结婚后很多事情都想让你按照我期望的来做，这样我才会觉得安全，你不同意我就闹。而你和我说过，从小你母亲对你的控制欲很强，因此你对控制本身就很排斥，我却又给了你被控制的感受，所以你可能会感到很痛苦。"

如果能够准确表达双方内心深处的感受，可能会让对方感动。**需要注意的是，任何表达都一定不能让对方感到被否定、贬低甚至羞辱，因为这些都会伤害感情。**所以，如果你预判到把对方的感受和成长经历联系起来可能会让对方觉得是在说他错了，他会极力否认，就尽量不要这样说了。毕竟，不是所有人都有能力接受自己是有创伤和缺失的。

我在工作中经常遇到有人无法探讨自己儿时经历的情况。

一旦我尝试探讨，他们就会觉得我在否定他们，像是在说他们在当前的关系中也有责任。他们往往认为错误全在对方，自己是完美的，所以无法接受这样的表达。或者一旦意识到自己有错，就会陷入巨大的痛苦中，这可能是因为他们儿时被父母批评、指责或贬低得太严重，自体过于脆弱。

也就是说，存在这样一类人，你若想修复跟他们的关系，就只能给他们传递这样一种感觉，即错都在你，他们是完美的——尽管这并不是事实，但这是他们的感受。否则，你没有办法修复，因为他们的自体太脆弱，无法接受自己不完美。

再比如：一方兄弟姐妹多，很照顾他们，而另一方会被唤起儿时不被重视的痛苦，好像那些人都比他重要一样。如果前者想修复裂痕，就可以说："我理解你儿时有过被忽视的经历，你的父母经常忙于工作，有时把你交给邻居带，或者把你锁在家里，你可能会感觉他们的工作更重要，你不重要。而我因为儿时和兄弟姐妹们感情很深，那时我们相互帮助，共同努力，在成长过程中我得到过他们很多的支持，所以心里很感激他们，看到他们有困难或者痛苦的时候，会很心疼他们，总想要帮助他们。但这可能会让你觉得好像在我心里他们比你更重要，你可能就会重复体验到儿时的痛苦感受。"

通常来说，这样的表达就可以促进理解，但也不排除对方会说："跟我儿时没有关系，就是你心里没有我，只有他们，你就是觉得他们更重要！"

这可能是因为修复方的理解不够准确，也可能是因为对方在否认自己的创伤在影响两人的关系，还没有做好接受的准备。

这个时候，不要勉强和过于坚持，直接说"对不起，因为我的家人让你受委屈了"就可以了。在以后的生活中也尽量不要去批评、指责对方，而是多给对方一些认可和肯定，等他的自体有了一定的强度，也许就可以接受之前不能接受的事情。

人的一生是一个不断成长的过程，生活中的很多事情都能激发我们进行反思。比如，有的人看电影或电视剧时，会忽然意识到自己和里面的角色很像，于是开始反思。这也是这些作品存在的重要价值，即引起人们的共鸣并促进人们反思，帮助人们成长。

在上面的例子中，如果是后者想修复裂痕，就可以说："我知道你从小跟你的兄弟姐妹感情很深，你们一起努力，相互帮助，想让你们共同的家庭过得更好，所以你会很关心他们。如果不去关心他们，你心里可能会内疚、心疼。但我儿时有被忽视的经历，我父母工作太忙，经常没有时间管我，让我觉得自己是不重要的。当你关注你的兄弟姐妹而不关注我的时候，我儿时的痛苦可能就被唤醒了，心里感觉很痛苦。"

这样，前者就可能会感到被理解，也更容易理解后者。

在这一点上，人们常出现的问题是只指责对方如何对自己不好，这时对方就会觉得自己不被理解并陷入痛苦中。**人在痛苦的时候，理解他人的能力会下降**，所以对方也就没有办法理解我们。反之，如果只是表达自己的感受，而不是指责对方，不但不会导致对方陷入痛苦，还可以促进对方对我们的理解。

"一起抱头痛哭"是我能联想到的彼此相互理解之后会出现的场景，也是我的亲身经历。裂痕的背后是双方的痛苦在起作用,当这些痛苦同时被看到,双方的理解和心疼就会发生,关系不但会得到修复,还有可能比原来更亲密。

每一对夫妻都会遇到关系出现裂痕的情况;每一对幸福的夫妻往往是经过多次关系出现裂痕又被修复的过程,才变得更加亲密。每一次的修复如果够深刻,都是一次相互表达内心痛苦,进而更加理解彼此内心的过程。

现在,请你思考一下:如果你对当前关系中的裂痕已经有了宏观的认识,你会如何向对方表达?

你的表达:

_____

_____

_____

第二十三章
步骤三，重建信任

如今，人们建立亲密关系不再仅仅是为了生儿育女和满足基本生活需求，更是为了追求个人的幸福和情感满足。即使一段亲密关系能够带来物质上的富足，如果它不能让人感到幸福，许多人仍然会选择放弃。而获得幸福除了需要一定的物质基础、精神生活外，就亲密关系而言，主要就是被爱的需要得到满足，尤其是内心的缺失得到弥补。

被对方深深懂得，在对方的心里你最重要，被允许做自己，对方能看到别人看不到的属于你的美好特质，理解你内心别人难以理解的感受……以上需求有任何一项被满足，都可能会让关系中的我们感到无比幸福。然而，因生活过程中双方内心的创伤与缺失会相互作用，很多伴侣不但经常给不了彼此这种满足，还不断重复过往体验到的失望与痛苦，制造出关系的裂痕。

之前让对方失望或痛苦的行为必须改变，导致关系出现裂痕的因素也必须减少或消除。要改变控制、依赖、发脾气、指责和贬低等行为，关系才有可能得到彻底修复。虽然内在的改变和成长都需要一个过程,不会立刻实现,但具体的行为通常是可以立即控制住的。

控制自身行为的一个例子是:当你再想发脾气时,觉察到自己又生气了,并想到这会对关系造成破坏,可以做几个深呼吸来平息怒气,从而避免发脾气。

之后,如果内心的情绪与冲动还在,就需要去面对。这时,自我探索变得至关重要。为什么会这么愤怒?是创伤被触碰到了,为了防御内心的痛苦,还是自恋性暴怒,一旦有人不如自己的意就会愤怒?为什么会有那么强的控制欲?是内心的不安全感、无力感,还是对失控的恐惧在作祟?针对这些具体影响关系的因素,可以逐一进行探索并解决,这样问题就不容易重复出现。

当然,那些具备一定心理学知识储备且擅于自我探索的人,可能比较快就能觉察到某些问题背后的原因,然后进行心理调适,促成变化。比如愤怒的时候,去觉察愤怒背后的原因,通常是一些痛苦的感觉。然后,尝试与这些感受共处。这时,你可能会感到无力,也可能会感到伤心,还可能联想到儿时体验到的类似的痛苦感受。如果可以承受,跟这些感受充分相处,在这些感受被充分体会之后,内心就可能发生变化。以后遇到类似的事情,愤怒发生的概率和程度就可能会降低。

很多时候,我们的愤怒背后隐藏着内心的脆弱或被唤醒的儿时的创伤体验。愤怒是一种防御机制,因为我们不想去体验内心深处的痛苦感受,而实际上在可以承受的前提下,如果我们愿意跟这些痛苦感受相处,充分去体会它们,很多时候,这些痛苦就会慢慢减少甚至消失。

再比如，喜欢控制的人在放弃控制时可能会感到害怕或慌张，但跟这些感受充分相处之后，可能慢慢就会发现这些感受有所减轻。等到这些感觉完全消失，他们不再感到害怕、慌张，也就没有必要再控制了。

在这个过程中，如果内心的感觉比较强烈，体验起来可能会很难受。这时，可以不再去体会内心的感觉，而是把注意力集中到这些内心感觉所唤起的躯体感受上，这样做通常会减轻不适感。**随着躯体感受逐渐减弱，心理上的感受也会降低。这是因为所有的心理感受实际上都是以身体感受为基础的，我们体验到的大部分心理感受在身体层面有相应的神经递质在起作用。去体会身体当下被唤起的感受，比如胸口堵、头疼、手脚发木等，这些神经递质就会慢慢释放、代谢，情绪自然就会消散。**这就是通过与身体的感受共处可以实现成长的背后原因。

不过，这个过程需要一定的内省和觉察能力。很多人在有愤怒情绪的时候会认为是对方做的不对，所以自己才会生气，那就无法进入这个过程。实际上，除了被入侵时我们需要相应强度的愤怒来保护自己（但表达愤怒的最佳方式是使用温和而坚定的语言），其他很多时候的愤怒往往是我们的创伤被触碰，或是自恋性暴怒的结果，这些都需要我们去探索和体会。

如果自己无法觉察到行为背后的原因，也无法让改变发生，或是觉察到内心的痛苦感受后觉得难以承受，可以寻求专业的帮助去探索这些问题。专业人士可以通过行为和情绪看到背后的缺失和创伤，帮助我们成长和疗愈。虽然这也需要一个过程，但当想发脾气时选择不向爱人发泄,而是与专业人士探讨自己的感受,可以降低关系受到负面影响的概率。

变化是慢慢发生的,之前对方可能看不到希望,但看到你在努力探索和成长自己,就可能重新看到希望,关系也会得到一定程度的修复。随着探索和成长的效果显现,发脾气、控制等行为减少,希望变成了现实,对方心里会产生更多的信任,亲密度也会增加,关系就可能得到彻底修复。

在工作中,我不止一次遇到这样的情况:当一方通过我们的帮助发生一些变化后,另一方也开始走进我们的课堂或咨询室,或者开始阅读心理学方面的书籍。我想这可能是因为他们看到了改变的希望,之前也愿意努力,但可能并不知道该做什么。

在你成长的过程中,如果对方的创伤没有被疗愈,很可能还是会被触碰到,但没关系,只要你有所留意,触碰的概率就会降低。即便无意中触碰到,因为你理解发生了什么,所以当对方攻击你时,你也更容易容纳对方,这本身对关系就有利,也有利于疗愈对方的创伤。

而对方的需求,你很有可能无法完全满足,有时你也不能全部满足,否则可能会丧失自我。比如,如果对方要你牺牲工作时间多陪他,以满足他想成为你心里最重要的人的渴望,你可能很难做到。但如果你理解对方并愿意付出努力,剩下未被满足的部分,对方也可能就慢慢接受了。我在《爱的五种能力Ⅱ》中对此有详细的阐述,这里不再赘述。

整体而言,如果以往的模式被证明是有问题的,原因要么是创伤经常被触碰，要么是需要被满足得不够，肯定要有所调整。具体来说，这时需要做的事情可以分为两个步骤。

承诺：增加对方内心的希望

"我以后会尽量控制自己的情绪，不再乱发脾气。"
"我以后不再说你了。"
"我以后尽量少加班，多陪陪你。"

这些都是承诺，能够给对方带来希望。在没有对你彻底失去信任的前提下，对方往往会因为这些承诺而给予你一些机会，这为你以后的改变与成长，以及对方对你的接纳争取到宝贵的时间和机会。

"吃一堑，长一智。"在人的一生中，随着生活的不断磨砺，成长和变化一直在发生。当亲密关系出现危机时，这正是生活提供给我们的反思和自我提升的机会。

为什么想要控制对方？
为什么不能对自己爱的人好好说话？
是什么让自己有那么多的不满？
为什么对方会失望？
为什么对方会觉得那么痛苦？
为什么原本那么亲密的两个人会走到今天这一步？
…………

只有具备反思能力的人，才能从中找到答案并彻底解决问题。没有反思能力的人可能会简单地将问题归咎于选错了伴侣，这可能导致他们要么一直怨恨对方却又无法离开，要么不断更换伴侣，但这些都没有解决根本问题。想要拥有幸福的婚姻，无论伴侣是谁，关键都在于在亲密关系中成长自己并滋养对方。

想要成功修复裂痕，就要通过反思意识到对方的哪些缺失没有得到弥补，之后要让对方看到你愿意给予适当满足；也要弄清楚对方有哪些创伤被触碰到，要让对方看到你愿意避免再次触碰它们；还要认识到自己的缺失与创伤在裂痕出现的过程中起到了怎样的作用，并让对方看到自己愿意通过成长来解决这些问题。

承诺就是给对方希望。比如，如果意识到自己之前对对方的期待过高，就可以说："我意识到以前你按照你的方式生活，其实也没有什么问题，是我的要求太高、太理想化，所以会经常指责你、生你的气，这是我的问题。我对我自己的要求也非常高，投入了太多精力在事业上，所以没有给予你足够的关心。以后我会努力做出调整，接纳真实的你，多关心你一些。"

再比如，意识到自己过于依赖对方，就可以跟对方说："我意识到我这个人可能有依赖倾向，很多事情都想要指望你，这可能会让你感到很累。我打算让自己成长起来，变得更加独立。这样，当你无法满足我的时候，我就不会那么失望和抱怨了，你也会轻松些。"

承诺应该基于对关系中问题的本质性理解，然后告诉对方你接下来打算如何解决这些问题。承诺也一定要有可行性，比如很多人曾向对方说"我保证以后会改"，但之后一次次的争吵与冲突又证明前者没有任何的改变，对方就会在再次听到类似的承诺时意识到这没有可信性,此时的承诺便失去作用。

事实上,很多关系之所以会彻底破裂,就是因为经历了一次次选择信任,而之后又失望的过程。当失望的次数积累到一定程度,心就会彻底变凉,陷入绝望,修复也就成了几乎不可能的事情。所以,如果有过一次次让对方失望的经历,继续向对方承诺自己会改变,已不足以让对方重燃希望,在这种情况下,你必须采取新的并被对方认为切实可行的行动。

如果你尝试了很多方法都没有效果,或许还有一个方法可以考虑,就是像前面说过的那样:承诺开始接受心理咨询,并投身于个人成长的过程。

对方如果对你很失望,往往是对你的性格失望,认为你不会发生改变了。有效的心理咨询通常可以促进真正的改变和成长,也就可能让对方看到希望,但这需要时间。如果对方也了解、信任心理学,并且对你还有一定的感情,就可能愿意等待这些变化和成长慢慢发生。因此,让对方知道你已经预约或开始接受心理咨询,即使你目前还没有明显的变化和成长,对方也可能愿意适度和好。比如,你可以告诉对方:"我知道我的做法伤害了你,我也不想再像之前那样伤害你,但有时候我好像控制不了自己。以后除了我会努力控制自己以外,我打算去找一个专业的心理咨询师,去探索自己。"

我在工作中也遇到过这样的情况:有人在关系出现重大裂痕后遇到对方求复合时,会要求对方接受系统的心理咨询,以此作为答应对方复合的前提条件。而有效的心理咨询确实可以减少创伤与缺失对亲密关系的影响。我还经常遇到的情况是,很多人不想改变和成长自己,而是直接向我索要方法:"你不是专业人士吗?你不是应该有方法吗?你直接告诉我怎么能让对方回心转意不就行了吗?"

很多人在尝试多种方法都没有效果后,寄希望于专业人士能提供行之有效的解决方案。但再专业的人也没有魔法,修复裂痕就是要重新连接内心,并且需要有一定的感情基础作为前提。所以,如果你想要的是方法,本书就是在阐述方法,而且非常系统,所有方法背后都有心理学的理论支持。但这些方法很多时候也只是暂时提供了一个改变和成长的机会,要彻底解决问题,一定需要自身有实质的改变和成长。

现在,如果你正在努力修复裂痕,不妨思考一下,你打算做出怎样的改变,让自己成长?

你的承诺:

_____
_____
_____

成长:让对方看到真实的变化

如果你做出的承诺被对方接受,二人暂时和好,裂痕得到一定程度的修复,接下来的重点就是要努力做到自己之前的承诺。具体来说,就是要适当满足对方的需要,尽量避免触及对方的创伤,不再让对方重复体验过往的痛苦。

满足对方的需要、滋养对方是经营亲密关系的关键。两个人相爱在很大程度上就是因为从对方那里得到了滋养并渴望得到更多。简单来说,对方之所以会爱上你,除了渴望过上想要的家庭生活以外,很多时候就是渴望被你滋养,以弥补内心的缺失。而避免触发对方的创伤,需要你多关注对方的感受,少讲对错,多讲感受,不去评价、指责、批评,多去述情、共情、允许,同时尽量管理好自己的情绪。

以上也是我在《爱的五种能力》和《爱的五种能力Ⅱ》两本书中系统阐述的内容,《爱的五种能力》讲述的重点是如何提升自身爱的能力,《爱的五种能力Ⅱ》阐述了人的每种心理缺失是如何形成的以及相互滋养的具体方法。所以,本书不再赘述。

正如莱昂纳德·科恩那句著名的歌词,"万物皆有裂痕,那是光照进来的地方",每一对爱人在一起生活,都难免会有创伤被触碰、需要未被满足的时候。**出现裂痕是亲密关系中常见的现象,它给双方提供了一个可以看到彼此内心的创伤与缺失的机会**。理解并愿意改变和成长自己,往往会让关系变得更加亲密,两人也会越来越幸福。

在工作中,我也遇到不少来访者担心:万一自己发生了变化,而对方却未曾察觉,或者一切都太迟了怎么办。这是有可能的,但需要明白的一点是,这只是一种可能,如果不去成长和改变,我们最终会失去更多。这种担心很多时候是内心的恐惧在起作用。随着内心的成长,即使没有修复好这段关系的裂痕,恐惧也会减少,我们会变得更加强大和独立,未来更有可能获得幸福。

再者,如果你真的有变化,只要跟对方有所互动,对方通常就能感知到。甚至不需要有太多语言沟通，仅从你的行为、外表、情绪和态度上就看得出来。

所以，成长自己才是关键！这一点不仅适用于建立幸福的亲密关系，也适用于生活的其他方面，比如事业、社交等。

接下来，你打算如何成长自己？你的计划是什么？如果你觉得有需要，现在就可以开始制订计划。

你的成长计划：

_____

_____

_____

后记
在修复中成长！

自体心理学家认为，心理咨询中来访者内心的某些成长在一定程度上要靠咨询关系的适度破裂与修复来实现，这个过程被称为"恰到好处的挫折"。

我们可以这样理解这个过程：一些来访者的自体本来是脆弱的，可能表现为自大、自卑，对自己及他人的期待过于理想化，接受不了失败，或者以自我为中心，希望别人围着他们转。在这种情况下，他们对咨询师的期待也会过于理想化，以为咨询师无所不能，会如他们期待般满足他们，但真实的咨询师当然不是他们期待的那样。这样一来，他们在和咨询师互动的过程中除了会体验到被理解和接纳外，自然也会在某些时刻感到失望与不满，就像他们在生活中容易对他人失望、不满一样。这个时候，咨询师和生活中很多人的不同之处就在于，面对来访者的失望和不满，也就是关系出现裂痕时，咨询师不会攻击他们，而是在容纳他们的同时，试着和他们共情，去理解他们到底怎么了，然后去修复裂痕。

这个过程能够使来访者承受不满和失望等情绪的能力得到提升。用自体心理学的语言来说：他们的自体结构得到了强化，这意味着个体的自我感和自我功能变得更加稳固和强大。当然，这个过程要恰到好处，不能使他们感受到太强烈的痛苦，否则关系可能就会真的完全破裂，无法修复。

同样的道理，如果亲密关系出现裂痕，之后又得以修复，并且双方都获得更深层次的理解，那就可以说彼此的人格经历了一次"恰到好处的挫折"。时间久了，随着次数的增多，双方的人格就会在亲密关系中经由破裂和修复变得更加强大。

不过，我们没有必要为了让内心变强大而刻意去制造裂痕。生活中自然会有裂痕出现，把握住这些机会，及时去修复就已足够。

根据克莱茵的理论，**关系出现裂痕又被修复好的过程能够帮助彼此认识到对方不全是好的，也不全是坏的，这种认识会促进我们内心的整合，也自然会促进双方人格的发展和完善。**美国心理学家吉尔·沙夫曾表达过类似的观点，"健康的婚姻，为配偶双方都提供了成长机会，双方个体性格分裂的部分都能得到治愈；但在不那么健康的婚姻中，这种分裂反而会被确认和强化"。[1]

尽管我花了十几年的时间来思考和研究亲密关系中裂痕修复的方法，也希望我所做的工作能够帮助更多人实现他们心中

---

[1] （美）Jill Savege Scharff:《投射性认同与内摄性认同——精神分析治疗中的自体运用》，闻锦玉、徐建琴、李孟潮译，中国轻工业出版社2011年版，第87页。

所愿,但不得不接受的现实是:这些方法无法帮助到所有人,也不是所有亲密关系中的裂痕都可以被修复。面对这样的现实,可能会让人感到有些无力。

我们都希望拥有好的体验,不希望感受痛苦。为了不去体验那些痛苦,我们会做很多努力,但恰恰有些时候,正是这种努力带给我们更多不好的体验。所以,人除了要努力让一切如自己所愿以外,还要允许不如自己所愿的事情存在,除此之外,正如尼布尔[1]在其著名的祈祷文中所说,我们还需要有智慧去区分哪些是"该努力改变的",哪些是"该接受、允许的",两者之间的界限到底在哪里。

单纯从做事情的角度来看,只有那些"有自己"的人才能找到中间的平衡点,做出准确的判断,因为那个界限就是自己的感受。换言之,当遇到需要抉择要不要在一件事情上继续努力的情况时,要倾听自己的心。如果感觉自己有兴趣、有力量,就可以继续努力;如果感觉自己累了,没有力量了,不想再逼自己,那么选择放下,是接受,也是爱自己。这里并没有对和错,只有自己想还是不想。选择权完全把握在自己的手里,也完全由自己对结果负责。

但从修复关系中的裂痕的角度来看,这个界限就变了,它多了一个维度——对方的意愿。有些人可能认为,只要找出自己在关系里存在的问题并努力改变,关系就一定可以修复。然而,这样的想法忽略了对方的意愿,也多少带有全能色彩。在

---

[1] 雷茵霍尔德·尼布尔(Reinhold Niebuhr),美国著名的神学家、思想家。

学习知识、做一份工作、掌握一门技能方面，只要足够努力，很多时候的确可以成功。但感情的事不是这个逻辑，因为这不是一个人可以单方面决定的。当对方心中的失望或痛苦过于强烈时，无论我们怎么努力，可能都是无用的。

当感情完全破裂，努力已经没有意义时，我们需要学会接受和允许这种情况发生。或者，这个时候即使要努力，也应该是努力地成长自己，让自己离开对方也可以过得幸福。明白这个道理，不难，但接受这个结果，却可能会让人感到难过。

一件事情没有做成，每个人感受到的挫败程度主要与我们对自己的期待有关，越是期待自身完美的人在这个时候挫败感越强。然而，一段亲密关系出现重大裂痕且没有修复成功时，每个人感受到的痛苦程度就不仅仅与我们的期待有关，因为失去关系本身就让人痛苦，更何况它还可能唤起儿时的类似体验。所以，一段关系的结束可能比纯粹的事情没有做成带给人的痛苦更多一些。

面对这种情况，如果内心感到过于难过，希望你可以寻求家人、朋友的支持，从他们那里获得理解和安慰。如果你觉得有需要，也可以寻求专业人士的帮助。后者不仅能帮助你更快地走出情绪低谷，还可以让你梳理过往的情感，以便在下一段关系中可以做得更好。这些都是对自己的一种关爱。

未来的日子里，无论关系的裂痕是否修复成功，希望你都可以好好爱自己，做喜欢的运动、看喜欢的书、吃喜欢的美食、跟喜欢的人做朋友。做一个即使离开对方，也能过得幸福、活得精彩的人。

最好的祝福，送给你！

参考书目

（美）Jill Savege Scharff：《投射性认同与内摄性认同——精神分析治疗中的自体运用》，闻锦玉、徐建琴、李孟潮译，中国轻工业出版社 2011 年版。

（美）奥托·克恩伯格：《爱情关系》，汪璇、张皓、何巧丽译，中国人民大学出版社 2023 年版。

（美）乔治·哈格曼、（美）哈里·保罗、（美）彼得·B. 齐默尔曼主编：《精神分析的新发展：主体间自体心理学》，王贺春译，广西师范大学出版社 2023 年版。

（美）David J. Wallin：《心理治疗中的依恋——从养育到治愈，从理论到实践》，巴彤、李斌彬、施以德等译，中国轻工业出版社 2014 年版。

（英）Anthony Bateman、（英）Peter Fonagy：《人格障碍的心智化治疗》，邓衍鹤、马江烨、陈云祥等译，刘翔平审校，中国轻工业出版社 2021 年版。

（英）唐纳德·温尼科特：《成熟过程与促进性环境：情绪发展

理论的研究》，唐婷婷主译，赵丞智主审，华东师范大学出版社 2017 年版。

（美）海因茨·科胡特：《自体的重建》，许豪冲译，世界图书出版公司 2013 年版。

（美）丹尼尔·A.休斯：《聚焦依恋的家庭治疗：从创伤疗愈到日常养育》，孙寒、陈东辉译，上海社会科学院出版社 2021 年版。

（美）彼得·莱文：《心理创伤疗愈之道：倾听你身体的信号》，庄晓丹、常邵辰译，机械工业出版社 2024 年版。